S. K. Stein

Einführungskurs Höhere Mathematik II

Bestimmte Integrale
Hauptsätze der Infinitesimalrechnung

Sherman K. Stein

Einführungskurs Höhere Mathematik II

Bestimmte Integrale
Hauptsätze der Infinitesimalrechnung

Zusammengestellt durch
Angelika Erhardt-Ferron und Hildebrand Walter

Mit 261 Abbildungen

vieweg

Einführungskurs Höhere Mathematik II ist die Auskopplung der Kapitel 7, 8, 9, 10, 13 und 18 aus dem Gesamtband desselben Verfassers, erschienen 1981 im selben Verlag unter dem Titel Einführungskurs Höhere Mathematik.

Titel der Originalausgabe:
Sherman K. Stein
Calculus and Analytic Geometry

Wissenschaftliche Beratung: *Roman Sexl*
Übersetzung: *Ernst Streeruwitz*
Zusammenstellung: *Angelika Erhard-Ferron*
Hildebrand Walter

Der Verlag Vieweg ist ein Unternehmen der Bertelsmann Fachinformation GmbH.

ISBN-13:978-3-528-07424-1 e-ISBN-13:978-3-322-85036-2
DOI: 10.1007/978-3-322-85036-2

ARBEITSGEMEINSCHAFT FÜR FORSCHUNG
DES LANDES NORDRHEIN-WESTFALEN

GEISTESWISSENSCHAFTEN

ABHANDLUNG
HEFT 60

Stephan Skalweit

Edmund Burke und Frankreich

SPRINGER FACHMEDIEN WIESBADEN GMBH

ISBN 978-3-322-98141-7 ISBN 978-3-322-98806-5 (eBook)
DOI 10.1007/978-3-322-98806-5

Diese Abhandlung wurde auf der Sitzung
der Arbeitsgemeinschaft für Forschung am 21. März 1956
von Herrn Professor Dr. Max Braubach, Bonn, vorgelegt.

Ursprünglich erschienen bei Westdeutscher Verlag, Köln und Opladen 1956

Edmund Burke und Frankreich

Von Dr. phil. *Stephan Skalweit*, Bonn

Burkes historisches Wirken erscheint auf seinen Höhepunkten mit drei großen außerenglischen Vorgängen verknüpft, die nacheinander in sein Blickfeld getreten sind: dem Abfall der nordamerikanischen Kolonien vom britischen Reichsverband, dem Ausbau der britischen Herrschaft in Indien und der Französischen Revolution. Seine Stellung zu diesen weit auseinanderliegenden Problemkreisen erwächst folgerichtig aus politischen Grundüberzeugungen, die sich erstaunlich früh gebildet und im Kern niemals gewandelt haben. Seine Amerika-Reden, das „Impeachment" gegen Warren Hastings und die „Reflections" wurzeln alle in dem gleichen Ideengrunde, so verschieden auch die Anlässe waren, aus denen sie entstanden. Nicht Burkes Anschauungen haben sich zwischen 1770 und 1790 verändert, sondern die Zeitfragen, die auf ihn zukamen. Weil die letzte zugleich die größte und die allein weltbewegende war, hat sie auch für Burke allesbeherrschende Bedeutung gewonnen und ihm noch im letzten Lebensjahrzehnt die große Aufgabe gestellt, an der ihn Zeitgenossen und Nachwelt gemessen haben. Erst die Auseinandersetzung mit der Französischen Revolution hat Burke europäischen Rang und jene weitreichende geistesgeschichtliche Wirkung gesichert, die ihm außerhalb der angelsächsischen Welt sonst nicht beschieden gewesen wäre. Sie hat nicht nur sein literarisches Talent, sondern auch sein allerpersönlichstes Denken und Fühlen zur reifsten Entfaltung gebracht. Beide treten hier freier und ungehemmter hervor als in seinen früheren parlamentarischen Kämpfen, die Burke noch als Vertreter eines bestimmten und oft sehr vordergründigen Parteiinteresses zu führen hatte. Dazu kommt ein weiterer, sehr wesentlicher Umstand, durch den sich Burkes ideologischer Feldzug gegen die Revolution von seinen anderen Aufgabengebieten grundlegend unterscheidet. War er doch gegen einen Vorgang gerichtet, der sich nicht in der europafernen Weite kolonialer Räume, sondern im Herzen des alten Kontinents abspielte – in einem Lande, von dessen Eigenart Burke eine bestimmte, durch Anschauung, Lektüre und Erfahrung genährte Vorstellung besaß, lange bevor es durch die Revolution zum Brennpunkt weltgeschichtlicher Entscheidungen wurde.

Wie wir meinen, ist die Bedeutung dieser Tatsache bisher nicht ausreichend gewürdigt worden. Was Forschung und Historiographie seit Generationen beschäftigt, ist Burkes Verhältnis zur Revolution, nicht das zu ihrem Ursprungsland. Was er über Frankreich dachte und schrieb, erschien nur als Reflex der Sorgen und Gedanken, die das große zeitgeschichtliche Ereignis in ihm auslöste. Der mögliche Einfluß früher gewonnener Einsichten und Erfahrungen wurde dabei sehr gering bewertet und höchstens im Hinblick auf Burkes allgemeine denkerische Entwicklung erörtert. So hat man immer wieder auf seine frühe Abkehr von der französischen Aufklärung hingewiesen, die den späteren Zusammenstoß mit der Revolution gewissermaßen geistig vorbereitet. Damit sind aber Sinn und Inhalt seiner Berührung mit Frankreich auch nicht annähernd erschöpft. Sie hat mit wechselnder Intensität Burkes ganze Laufbahn begleitet und alle Ausdrucksformen seiner reichen Begabung beteiligt: den Literaten sowohl wie den Politiker und Denker. Aus dieser vielseitigen Begegnung ist Burke ein höchst problematisches, aber in sich zusammenhängendes Bild des alten Frankreich erwachsen – seiner Verfassung und Geschichte, seines gesellschaftlichen Aufbaus und seiner Funktion im europäischen Staatensystem. Ein Bild, das nicht nur in seinen späteren Revolutionsschriften aufgegangen ist, sondern, wie wir meinen, auch seine Einschätzung der Revolution und ihrer Gefahren für England und Europa sehr wesentlich mitbestimmt hat. Die vorliegende Untersuchung will dem allmählichen Reifen dieser Vorstellungen und ihrem Fortwirken in Burkes Kampf gegen die Revolution nachgehen. Sie folgt dabei den Hauptstationen seines Lebensganges von der literarischen Jugendperiode bis zur vollen Entfaltung seines antirevolutionären Wirkens. Sie konnte sich dabei auf das noch weithin unerschlossene Material des Burkenachlasses in Sheffield stützen, dessen bevorstehende Herausgabe die Burkeforschung auf neue und sicherere Grundlagen stellen wird [1].

[1] *Burkes* umfangreiche Korrespondenz war bisher nur zu einem Teil bekannt und in einer unkritischen Ausgabe nach ziemlich willkürlichen Auswahlprinzipien veröffentlicht: Correspondence of the Right. Hon. E. Burke, edited by Earl Fizwilliam and Sir R. Bourke, 4 Bde, London 1844 (im folgenden zitiert: Corr.). Die Manuskripte sind erst vor kurzem der wissenschaftlichen Benutzung zugänglich gemacht worden und befinden sich in zwei verschiedenen Fonds. In der Public Library in Sheffield (im folgenden zitiert: Sheffield MSS) und in Lamport Hall, Northamptonshire (im folgenden zitiert: Lamport Hall MSS). Außerdem sind eine Fülle von Briefen an und von Burke über die ganze Welt verstreut. Sie alle in einer kritischen Ausgabe zu erfassen, ist das Ziel der 'Correspondence of Edmund Burke', die im Auftrage der University of Chicago Press und der Cambridge

I

Burkes Berührung mit der französischen Bildungswelt hat sich schon in den Dubliner Studentenjahren vollzogen. Die Spuren seiner Beschäftigung mit französischer Literatur sind zwar recht spärlich, aber immerhin deutlich genug, um die Richtung seines kritischen Interesses erkennen zu lassen. Vor allem das klassische Drama hat den theaterbegeisterten Studenten angezogen, und Burkes erstes Urteil über Frankreich und französische Geistesart ist in einer vergleichenden Betrachtung des englischen und französischen Schauspiels enthalten, die 1747 in der von Burke redigierten Klubzeitschrift „The Reformer" erschien [2]. Die wenigen Anhaltspunkte, die wir sonst noch für die Lektüre des jungen Burke besitzen, weisen übereinstimmend darauf hin, daß sein frühes Verhältnis zur französischen Literatur durch ästhetische und stilistische Wertungsgesichtspunkte bestimmt war. Er entnahm ihr gewisse formale Bildungselemente, die seinen aus den antiken Schriftstellern, dem alten Testament, Milton und Shakespeare geschöpften geistigen Besitz erweiterten und ergänzten. Was er in der französischen Literatur suchte, war Strenge der Form und Disziplin des Ausdrucks – nicht Originalität der Stoffe und Reichtum der Ideen, die ihm aus anderen Strömen der Weltliteratur – nicht zuletzt dem englischen – breiter zu fließen schienen. Erblickte er die beispielhaften Vorzüge des französischen Theaters in der Klarheit und Regelhaftigkeit des Aufbaus, die ihm sogar eine gewisse Überlegenheit über den formlosen „Genius" der englischen Bühne sicherten, so bewunderte er in Voiture und Guez de Balzac die Vertreter einer bestimmten Stilgattung, an deren Nachahmung sich sein eigenes Talent erproben konnte [3]. Jedenfalls haben ihm die klassischen und vorklassischen Autoren viel mehr bedeutet als das französische Schrifttum seiner eigenen Zeit, dem

University Press in Sheffield vorbereitet wird. Ein erster Indexband als Bestandsaufnahme sämtlicher bekannter Briefe ist gerade erschienen. Der Herausgeber, Professor Th. W. Copeland, hat dem Verfasser mit größter Bereitwilligkeit Einblick in die Manuskripte gewährt, wofür ihm auch an dieser Stelle noch einmal gedankt sei. Burkes Reden und Schriften wurden in der Ausgabe v. Bohn's Standard Library, 8 Bde, London 1883 benutzt. (Im folgenden zitiert: Works.)

[2] "The French if they be inferior to us in matter of genius, certainly exceed us in the decorum and regularity of their stage; and sure 'tis a shame that we should be excelled in judgement and good sense by those whom we esteem a nation of fops." Mitgeteilt in dem für Burkes Jugendentwicklung noch immer grundlegenden Werk von *A. P. J. Samuels*, The early Life, Correspondence and Writings of E. Burke, Cambridge 1923, S. 168.

[3] Vgl. die Belege ebenda S. 60, 106, 209, 219. Sie werden ihm zum handwerklichen Muster für die Darstellung menschlicher und historischer Charaktere – "the art of character drawing" – und für die Verbesserung seines Briefstils.

er in seinen Studienjahren kaum Beachtung geschenkt zu haben scheint[4]. Gerade was die französische Literatur des 18. Jahrhunderts kennzeichnet – das allmähliche Zurücktreten der künstlerischen Form vor dem gedanklichen Inhalt –, war wenig geeignet, ihn zu fesseln. Schon deshalb wäre es verfehlt, in den Schriften und Briefen seiner Dubliner Studentenjahre nach ersten Spuren einer Auseinandersetzung mit der französischen Aufklärung suchen zu wollen. Ebensowenig wie sich in der Korrespondenz mit dem Freunde Richard Shackleton, den Sitzungsprotokollen des Debattierklubs von Trinity College und dem „Reformer" bereits der künftige Staatsmann abzeichnet, wird darin ein besonderes Interesse für die geistig-politische Bewegung des Zeitalters sichtbar. Das Bild des jungen Burke, das hier entsteht, ist das eines „empfindsamen und hochgesinnten, von Poesie und Ästhetik ganz erfüllten Jünglings[5]."

Es entsprach nur seinen geistigen Anlagen, daß Burke erst verhältnismäßig spät und gleichsam wider Willen Politiker geworden ist. Wie wenig wir auch über seine etwas unsteten Lehr- und Wanderjahre wissen[6], sicher ist, daß er sich damals zum Schriftsteller entwickelt hat und hierin seine eigentliche Berufung erblickte[7]. Wahrscheinlich wäre er ihr treu geblieben, wenn ihn nicht der Zwang des Broterwerbs in eine andere Richtung gedrängt hätte. Es gehört zu den bestimmenden Momenten seines Lebensganges, daß seine literarischen Anfänge in eine Übergangsperiode fielen, die der materiellen Entfaltung des englischen Schriftstellers nicht förderlich war. Das „goldene Zeitalter" des Mäzenatentums unter Wilhelm III. und Georg I. war unwiederbringlich dahin. An die Stelle des vornehmen Gönners war als zahlender Auftraggeber der Buchdrucker und Verleger getreten und damit eine neue Form drückender Abhängigkeit, die sich zunächst ungünstig auf die soziale Geltung und die finanzielle Lage des Schriftstellerberufs auswirkte. So wird es verständlich, daß Burke bereits ein angesehener Autor war, als er den Posten eines Privatsekretärs bei Lord Hamilton annahm, um sich eine

[4] Das einzige zeitgenössische französische Werk, dessen Kenntnis sich nachweisen läßt, sind Montesquieus „Lettres persanes". Vgl. *Samuels*, a. a. O., S. 59 f.

[5] *G. Vincitorio, E. Burke* and *Charles Lucas*, PMLA 68 (1953), S. 1053. Vincitorio korrigiert überzeugend Samuel, der Burke irrtümlich für den Verfasser des „Free Briton" hielt, einer zugunsten des Dubliner Demagogen Charles Lucas verfaßten anonymen Flugschrift.

[6] Was sich an biographischen Daten ermitteln läßt, ist zusammengetragen b. *Dixon Wecter*, The Missing Years in E. Burke's Biography, PMLA 53 (1938).

[7] Noch 1761 schreibt *Horace Walpole* über Burke: "He is a sensible man, but has not worn out his authorism yet, and thinks that there is nothing so charming as writers and to be one. He will know better one of these days." The Letters of Horace Walpole, ed. by Paget Toynbee V., 86.

regelmäßig fließende Einnahmequelle zu sichern. Sein erster zögernder Schritt in die Politik erfolgt unter äußerem Druck und es ist bezeichnend, daß sein Bestreben, sich zwischen dieses Amt und seine literarischen Neigungen zu teilen, schließlich zum Bruch mit seinem Brotgeber führte.

Burkes literarischer Ruf gründete sich auf seine Jugendarbeit über den „Ursprung unserer Ideen vom Erhabenen und Schönen", die 1756 erschien, aber erheblich früher entstanden ist[8]. Das „Sublime and Beautiful" ist Burkes einzige rein theoretische Schrift geblieben und wirkt daher innerhalb seines Gesamtwerks fast wie ein Fremdkörper, wenn sich auch gewisse Bezüge auf die Grundanschauungen seiner späteren politischen Schriften daraus ergeben[9]. Sie läßt sich in Burkes geistige Gesamtentwicklung nur sinnvoll einordnen, wenn man sie als das Vermächtnis seiner ersten schöngeistigen Jugendepoche auffaßt, mit deren Abschluß ihr Erscheinen zusammenfällt. Die starke Wirkung, die von ihr auf die Kunsttheorien des 18. Jahrhunderts, insbesondere auch auf Lessing ausgegangen ist, steht hier nicht zur Erörterung. Jedenfalls ist sie die einzige von Burkes vor der Revolution veröffentlichten Schriften, die auch außerhalb Englands bekannt geworden ist. Sie stellt zudem das erste literarische Bindeglied zwischen Burke und Frankreich dar. Denn sie wurde nicht nur im „Mercure de France" und in der „Correspondance littéraire" angezeigt, sondern sogar 1765 von Abbé Desfrançois ins Französische übersetzt[10].

Als das „Sublime and Beautiful" erschien, war Burke über die enggezogenen Grenzen seines ästhetisch-literarischen Jugendinteresses bereits hinweggeschritten. Denn noch im gleichen Jahre hat er den ersten kühnen Vorstoß in geistiges Neuland unternommen: Die „Vindication of Natural Society". Ihre Entstehung und die mit ihr verbundene schriftstellerische Absicht sind bis heute ein ungelöstes Rätsel der Burkeforschung. Aber sicher ist, daß sie das Ergebnis einer höchst bedeutsamen Wandlung darstellt, die sich in diesen Jahren in Burke vollzogen haben muß. Ist sie doch der erste

[8] Vgl. *Samuels,* a. a. O., S. 137, 141, 213.

[9] *Fr. Meinecke* sieht sie in dem Grundgedanken der Schrift, daß man nicht von den Werken der Kunst selber, sondern von den seelischen Regungen der Menschen ausgehen müsse, um ästhetische Gesetze zu ergründen. Burke wird ihm damit zum Vorkämpfer eines historisch und ästhetisch individualisierenden Kunstverständnisses, das er später auf das „zentrale Gebiet des geschichtlichen Lebens, den Staat" anwenden konnte. (Die Entstehung des Historismus, 2. Aufl., 1946, S. 273). Wie mir scheint, hat er den jungen Burke in allzu große Nähe zum modernen Historismus gerückt und seine Abhängigkeit von der gleichzeitigen Moralphilosophie und ihrer assoziationspsychologischen Methode unterschätzt.

[10] Vgl. *S. Lovering,* L'activité intelectuelle de l'Angleterre d'après l'ancien „Mercure de France". 1672–1778, Paris 1930. Ein Brief von Desfrançois an Burke v. 6. März 1765 befindet sich noch in den Sheffield MSS.

erkennbare Hinweis auf die Fortentwicklung des Schöngeists zum politischen Denker.

Die zunächst anonym veröffentlichte „Vindication“ ist sprachlich und gedanklich eine außerordentlich geschickte Nachahmung Bolingbrokes, dessen Werke 1754 posthum herausgegeben worden waren und in literarischen Kreisen eifrig diskutiert wurden. Die Nachahmung war so meisterhaft gelungen, daß selbst kritische Zeitgenossen sich dadurch täuschen ließen und Bolingbroke für den Verfasser hielten. Erst im Vorwort der 2. Auflage von 1757[11] hat Burke die Maske gelüftet und sich zu der Schrift bekannt. Sie sollte eine Parodie Bolingbrokes darstellen und durch die Anwendung seiner rationalistischen Religionskritik auf die Grundlagen von Staat und Gesellschaft den berühmten Autor ad absurdum führen.

Schon diese äußeren Begleitumstände der „Vindication“ sind merkwürdig genug. Sie stellt den seltenen Fall einer Parodie dar, die ihren Zweck verfehlte, weil sie zu gut gelungen war. Daher sind bis auf den heutigen Tag immer wieder Zweifel an der ironischen Absicht der „Vindication“ laut geworden. Aber Burke hat selbst ihren satirischen Charakter so eindeutig gekennzeichnet, daß auch die spitzfindigsten Interpretationskünste nicht vom Gegenteil überzeugen können[12]. Die „Vindication“ bleibt Burkes erste – wenn auch noch verhüllte – Kampfansage an die Aufklärungsphilosophie. Daß er eine Abhandlung der großen innerstaatlichen Grundprobleme im Stile Bolingbrokes als Satire angesehen wissen wollte, beweist nur, in welch selbstverständlichem Gegensatz er sich damals bereits zu der herrschenden Zeitströmung wußte.

Sicher ist, daß mit der „Vindication“ nicht nur Bolingbroke gemeint war. Sie sollte eine in Burkes Augen alarmierende Zeittendenz treffen, für die Bolingbroke nur das repräsentative englische Beispiel und das stilistisch am besten geeignete Objekt abgab. In der Vorrede von 1757 spricht Burke ausdrücklich von „this sort of Writers“, gegen deren scheinphilosophische

[11] Es ist das Verdienst von *R. B. Sewall* in seiner Untersuchung "Rousseau's second Discourse in England from 1755 to 1762", Philological Quarterly 17 (1938) dieses Datum endgültig festgelegt zu haben. Die gesamte ältere Literatur nimmt fälschlich das Jahr 1765 an.

[12] Ein bezeichnendes Beispiel dafür bietet neuerdings *L. Blanchard*, L'Evolution de la notion du bien public dans la pensée d'E. Burke, Revue d'Histoire économique et sociale 29 (1951). Bl. verficht hier die These, Burke habe erst nachträglich die „Vindication“ als Satire bezeichnet, weil die dort vertretenen egalitären Ideen seiner politischen Karriere hinderlich werden konnten. Daher sieht Bl. einen Zusammenhang zwischen dem Vorwort zur 2. Aufl. und Burkes Eintritt in das Parlament i. J. 1765. Schon auf Grund der Tatsache, daß das Vorwort in Wahrheit 1757 erschien, bricht diese Konstruktion zusammen.

„Reasonings“ die Satire gerichtet sei. Liegt nicht die Vermutung nahe, daß Burke dabei an den Schriftsteller dachte, der das für alle Zeiten wirkungsvollste Idealbild des „natürlichen“ Menschen entworfen hat? Schon Morley hat in seiner Burkebiographie den auffälligen Tatbestand unterstrichen, daß manche Stellen der „Vindication“ in Rousseaus „Discours sur l’Inégalité“ stehen könnten und umgekehrt[13]. In der Tat braucht man für „natural society“ und „artificial society“ nur „état naturel“ und „état civil“ einzusetzen und man erhält das begriffliche Gerüst von Rousseaus berühmter Schrift. Wie im „Discours“ so liegt auch in der „Vindication“ der Sündenfall des Menschen in der Preisgabe des Naturzustandes zugunsten einer organisierten Gesellschaft – begründet durch eine skrupellose Minderheit und erhalten durch „Despotismus“ und Bedrückung. Und ganz ähnlich wie im „Discours“ wird die zunehmende Verderbtheit des Menschengeschlechts mit ihren vielfältigen politisch-sozialen Begleiterscheinungen diesem Urvorgang zugeschrieben[14].

Rousseaus „Discours sur l’Inégalité“ ist 1755 erschienen — Burkes „Vindication“ im Mai 1756. Zwar wurde der „Discours“ erst durch die Übersetzung von 1762 in England zu einem literarischen Ereignis, aber er war zweifellos im Original auch schon vorher bekannt[15]. Die Möglichkeit, daß Burke ihn für die „Vindication“ verwandt hat, ja, daß diese durch Rousseaus Schrift erst ausgelöst wurde, erscheint also durchaus gegeben. Auch daß Burke in der späteren Vorrede Rousseau mit keinem Wort erwähnt, ließe sich ohne Gewaltsamkeit erklären. Er mag sich gescheut haben, mit offenem Visier gegen einen Schriftsteller zu kämpfen, dessen glänzende Gaben er bei aller sachlichen Gegnerschaft wohl zu würdigen wußte. Burke hätte dann seinen Angriff auf Rousseau hinter dem verblichenen Namen Bolingbrokes versteckt und zugleich mit einer stilistischen Talentprobe verbunden, deren Wirkung durch eine nachträgliche Erwähnung Rousseaus nur gemindert worden wäre.

Ist die „Vindication“ wirklich eine verhüllte Replik auf Rousseaus „Discours“, so wäre sie der eindrucksvolle Beweis eines fast unheimlichen Ahnungsvermögens. Burke hätte dann als 27jähriger eine geistig-politische

[13] Burke, 1879.

[14] Eine vergleichende Übersicht der auffälligsten Parallelstellen gibt *Sewall* a. a. O., S. 111 ff.

[15] Vgl. die von *Sewall* a. a. O. angeführten Beispiele. Über die Verbreitung von Rousseaus Schriften in England vermittelt den neuesten Forschungsstand die Monographie von *H. Roddier,* Rousseau en Angleterre au 18e siècle. L’homme et l’œuvre, 1950. Die gesamte ältere Spezialliteratur ist in diesem Werke aufgegangen.

Sprengkraft erkannt, die erst ein Menschenalter später in Erscheinung trat und den übrigen Zeitgenossen Rousseaus noch verborgen war. Auch die übersteigerte Bedeutung, die Rousseau später für Burke gewinnt, würde so unmittelbar einleuchtend. Der „Discours sur l'Inégalité" würde dann gewissermaßen zu Burkes negativem Jugenderlebnis, zu einem wichtigen Schlüssel für das Verständnis seiner Ideenwelt und seiner politischen Haltung. Wir sehen, welch weitreichende Perspektiven diese Annahme eröffnet – aber beweisen läßt sie sich nicht. Die kritische Erörterung eines möglichen Einflusses Rousseaus auf die „Vindication" darf sich nicht mit einem Vergleich der ins Auge fallenden Parallelen begnügen – sie kann nur weiterführen, wenn sie auch nach den Quellen fragt, aus denen die beiden Autoren geschöpft haben [16]. Über die Quellen des „Discours" sind wir heute eingehend unterrichtet [17]. Wir wissen, daß Rousseaus Beschreibung des vorgesellschaftlichen Naturzustandes auf das 5. Buch von Lukrez' berühmtem Lehrgedicht „De Rerum naturae" zurückgeht und daß der gedankliche Inhalt des „Discours" aus dem Studium der Klassiker des modernen Naturrechts von Grotius und Hobbes bis zu Pufendorf und Locke erwachsen ist. Dagegen sind wir bei der „Vindication" auf Vermutungen angewiesen. Sie ist arm an Zitaten und literarischen Anspielungen, aber wenn wir die fast gleichzeitig erschienene Schrift über das „Sublime and Beautiful" zu Hilfe nehmen, ergeben sich doch gewisse Fingerzeige auf die Lektüre, die ihr vorangegangen sein mag. Daß Burke wie alle klassisch Gebildeten seines Jahrhunderts Lukrez gekannt hat, ist nicht nur selbstverständlich, sondern auch durch mehrere Zitate im „Sublime and Beautiful" belegt [18]. Auch zu Locke wird hier verschiedentlich Stellung genommen [19], und in der „Vindication" selbst bezieht sich Burke auf „old Hobbes" und seine Ansicht des Naturzustandes als Krieg aller gegen alle [20]. Burke war also zumindest mit einigen Autoren vertraut, die im „Discours" aufgegangen sind. Schon hieraus ergibt sich die Möglichkeit, daß er unabhängig von Rousseau zu dem ironischen Bild einer „natürlichen Gesellschaft" gelangt ist. Es steht in der gleichen Tradition aufklärerisch-naturrechtlichen Denkens, an die auch Rousseau angeknüpft hat. Der Gegen-

[16] Das ist m. E. der Haupteinwand gegen die These von Sewall, die sich lediglich auf die „internal evidence" der gedanklichen Übereinstimmung in den beiden Schriften stützt. *Roddier*, a. a. O., S. 36 ist Sewall hierin gefolgt.

[17] Vgl. die noch immer grundlegende Untersuchung von *J. Morel*, Recherches sur les sources du Discours de l'Inégalité, Annales de la Société J. J. Rousseau 5, 1909 und neuerdings *R. Derathé*, J. J. Rousseau et la science politique de son temps, 1950.

[18] Works I, 98, 177.

[19] Works I, 58, 70, 155.

[20] Works I, 10.

satz von „natürlicher“ und „künstlicher“ Gesellschaft, von „natural“ und „artificial man“ war nicht nur das philosophisch-literarische Generalthema der Zeit[21] – angesichts der kulturpessimistischen Strömung, die damals vorübergehend in die englische Literatur eindrang, gewann er um die Jahrhundertmitte noch besondere Aktualität[22]. Burkes Satire bewegte sich also durchaus im Rahmen gängiger Begriffe und Vorstellungen, und daß sie zunächst nicht als solche verstanden wurde, zeigt nur, wie sehr sie dem Zeitgefühl entgegenkam. Bis zum eindeutigen Beweis des Gegenteils sollte man daher darauf verzichten, in der „Vindication“ Burkes erste Auseinandersetzung mit Rousseau zu sehen. Sie verliert damit gewiß den Reiz des Sensationellen, aber sie gewinnt dafür an sinnbildhafter Bedeutung. Denn wenn sie auch kaum auf Rousseau abzielen konnte, so ist Burke damit doch bereits unbewußt auf die große geistige Gegenkraft gestoßen, deren politische Nachwirkungen zu bekämpfen noch einmal seine höchste Lebensaufgabe werden sollte.

Es ist ein überzeugender Beweis für die Spannweite seiner schriftstellerischen Begabung, daß Burke unmittelbar nach dem Erscheinen der „Vindication“ in seiner dritten Jugendschrift ein neues Stoffgebiet betreten konnte, dem seine bisherigen Arbeiten denkbar fernlagen: die nationale Vergangenheit. Der „Essay towards an abridgment of the English history“ von 1757 ist der großangelegte Versuch, die englische Geschichte von ihren fernsten keltischen Ursprüngen an darzustellen. Er ist Fragment geblieben und nur bis zum Jahre 1216 durchgeführt. Aber der erhaltene Teil ist doch umfangreich genug, um ein Gesamturteil über Wert und Eigenart der Schrift zuzulassen. Ihr Hauptmerkmal ist ein wacher historischer Sinn für die dem 18. Jahrhundert so schwer zugängliche Welt des christlichen Mittelalters. Das Fehlen aller aufklärerischen Zensuren für die „Dark Ages“, die liebevolle Versenkung in den Stimmungsgehalt abgeklungener Epochen, erstaunlicher Stoffreichtum und schließlich ein ausgeprägtes Verständnis für das Institutionelle, seinen unaufhörlichen Wandel und sein unmerkliches Wachstum – das alles macht das „Abridgment“ zu einem verheißungsvollen Ansatz

[21] Für England vergleiche *B. Willey*, The Eighteenth Century Background. Studies on the Idea of Nature in the Thought of the Period, London 1946.

[22] Es braucht in diesem Zusammenhang nur daran erinnert zu werden, daß 1757 – also im gleichen Jahre wie das Vorwort der „Vindication“ – Browns „Estimate on the Manners and the Principle of the Times“ erschien, in dem die Sittenverderbnis und Korruption des zeitgenössischen England mit der schlichten Natürlichkeit früherer Epochen verglichen wird. Der große Publikumserfolg des Buches erschien damals weithin als beunruhigendes Symptom für das Umsichgreifen einer zeitkritischen, gegen die politischen und sozialen Grundlagen des englischen Lebens gerichteten Stimmung.

englischer Nationalgeschichtsschreibung, und als solcher ist es auch meistens gewürdigt worden[23]. Es bezeichnet zugleich Burkes Ankunft auf einer neuen, entscheidenden Stufe seiner geistigen Entwicklung. Denn im „Abridgment" hat sich ihm zum erstenmal jener Erkenntnisbereich voll erschlossen, dem seine innerste Natur unbewußt zustrebte und auf den die „Vindication" schon hindeutete: das weite Feld historischer Erfahrung. War die „Vindication" Burkes ironische Absage an jede abstrakt-spekulative Erörterung der Anfänge von Staat und Gesellschaft, so liefert das „Abridgment" gewissermaßen das Gegenbeispiel eines konkreten, an Raum und Zeit gebundenen Geschichtsverlaufs. So gesehen stehen die beiden, thematisch so weit auseinanderliegenden Schriften doch in einem inneren Zusammenhang, der ihre rasche Aufeinanderfolge vielleicht mitbedingt hat. Er wird noch besonders sinnfällig dadurch, daß im historischen Fragment bereits der große Name auftaucht, in dem Burke zeitlebens den positiven Gegenpol Rousseaus gesehen hat: „Montesquieu, der größte Genius, der unser Zeitalter erleuchtet hat[24]".

An den drei Jugendwerken Burkes lassen sich die Hauptstationen des Weges ablesen, den sein schriftstellerisches Bemühen innerhalb zweier Jahre zurückgelegt hat. Es führt aus der dünnen Höhenluft der kunsttheoretischen Betrachtung in die größere Erdennähe der philosophischen Zeitkritik, um schließlich den festen Grund einer historischen Erzählung zu erreichen. In dieser Themenwahl spiegelt sich der innere Bildungsprozeß, den der junge Burke durchlaufen hat. Er folgt einem angeborenen Zug zu immer größerer Gegenständlichkeit der Stoffe und erscheint 1757 im wesentlichen abgeschlossen. Offenbar haben sich schon damals die Eigenart seines Denkens, die Überzeugungen und Ideale seines ganzen Lebens geformt und ausgeprägt. So sehen wir Burke noch im Jünglingsalter die Richtlinien gewinnen, die sein späteres Wirken leiten sollten. Es steht daher nicht mehr im Zeichen innerer Fortentwicklung, sondern der zunehmenden Erweiterung seines Tätigkeitsfeldes. Das gilt auch für den Charakter seiner literarischen Produktion. Im Jahre 1758 beginnt das große journalistische Unternehmen Burkes, das ihn nie mehr ganz losgelassen hat, und dem er ein wechselndes, in seinem Umfang kaum abzuschätzendes Maß an Zeit und Arbeitskraft geopfert hat:

[23] Am feinsinnigsten von *Meinecke,* a. a. O., S. 273 f. Hier auch eine eingehende Erörterung der über die Aufklärungshistorie Humes hinausführenden Ansätze. Die Quellen des Fragments sind neuerdings untersucht in einer ungedr. Kölner Diss. v. P. G. Buchloh, E. Burkes Behandlung und Beurteilung der altgermanischen Zeit Englands im Rahmen des engl. Germanenproblems im 18. Jh., 1951.

[24] Works VI, 297.

die Herausgabe des „Annual Register". Von seinen politischen Schriften abgesehen, ist sein ganzes späteres Werk in diesem Jahrbuch aufgegangen – ein Umstand, der in doppelter Hinsicht beklagenswert erscheint. Einmal, weil Burke dadurch zur Verzettelung seiner reichen Gaben gezwungen wurde und daher seit 1757 keine selbständige Arbeit mehr veröffentlicht hat, wozu ihn seine erstaunliche Produktivität wahrscheinlich trotz seiner parlamentarischen Verpflichtungen befähigt hätte. Vor allem aber, weil es nicht möglich ist, Burkes eigenen Anteil an der Zeitschrift zu ermitteln[25]. Es läßt sich nur mit einiger Bestimmtheit sagen, daß er in den ersten zehn Jahren des Erscheinens den sog. „Historischen Artikel" selbst geschrieben hat – eine mehrere Druckbogen umfassende Chronik der wichtigsten Geschehnisse in der europäischen Politik. Die Artikel zeugen von ausgebreiteter Kenntnis der Zeitgeschichte und enthalten außerdem einige wichtige Hinweise auf die Ansicht des Verfassers von Sinn und Wesen des europäischen Staatensystems. Aber nur selten tritt aus diesen rein deskriptiven, auf die sachliche Information des Lesers abgestimmten Berichten eine Stelle hervor, die eindeutig das Gepräge Burkeschen Geistes trägt. Neben dem „Historischen Artikel" verdient der Besprechungsteil des Jahrbuches besondere Beachtung. Auch er wird in den ersten Jahrgängen des „Annual Register" von Burke geschrieben oder doch redigiert worden sein. Jedenfalls hat er die Auswahl der aufzunehmenden Neuerscheinungen bestimmt. Es waren nur wenige – nicht mehr als vier oder fünf im Jahr – und im allgemeinen nur solche, die einer lobenden Besprechung würdig schienen[26]. Allerdings ist dieser Grundsatz gelegentlich durchbrochen worden zugunsten der literarischen Kuriosität oder besonders berühmter Autoren, auf deren Würdigung die Redaktion nicht verzichten wollte. Aber im ganzen ist die Zeitschrift nicht auf Polemik abgestellt oder an eine eindeutige geistig-politische Richtung gebunden. Das verbot schon die Rücksicht auf den weiten Leserkreis, an den sie sich wandte und von dem der buchhändlerische Erfolg des Unternehmens abhing. Wenn er nicht ausgeblieben ist und sich in wachsenden Auflageziffern ausdrücken konnte, so nicht zuletzt deshalb, weil Auswahl und Kritik der Neuerscheinungen den verschiedensten Geschmacksrichtungen gerecht zu werden suchten.

[25] Vgl. die beiden eindringenden Untersuchungen von *Th. W. Copeland*, „A Body of Anonymous Writing" u. „A Career in Journalism", beide abgedruckt in dem Essayband „Our Eminent Friend E. Burke", New Haven 1949. Copeland hat unsere Kenntnis des „Annual Register" auf völlig neue Grundlagen gestellt. Nach seinen Arbeiten ist es nicht mehr möglich, Burke einfach nach dem „Annual Register" zu zitieren. Neuerdings hat *B. D. Sarason* den Versuch gemacht, Burkes Anteil an „Annual Register" noch weiter einzuengen. („E. Burke and the two Annual Registers", PMLA 68, 1953).

[26] Vgl. *Copeland*, a. a. O., S. 119.

Man muß diese publizistischen Voraussetzungen des „Annual Register" im Auge behalten, um den Charakter der Besprechungen zu verstehen. Ablehnung und kritische Schärfe des Urteils treten nur selten unverhüllt hervor und verbergen sich meistens hinter lobender Anerkennung darstellerischer und stilistischer Qualitäten. Das gilt auch für die französische Literatur, auf die es uns hier allein ankommt. Welche Autoren stehen im Mittelpunkt und wo weisen Sprache, Stil und Gedankengang auf Burke als den Rezensenten hin? Da Burke sich zu keinem Artikel des „Annual Register" selbst bekannt hat, müssen wir uns mit diesen Kriterien begnügen und nach innerer Wahrscheinlichkeit suchen, wo der exakte Beweis nicht zu erbringen ist. Dabei bleibt der Blick sofort auf dem Namen haften, in dem Burke die größte, wenn auch destruktive Kraft des geistigen Frankreich erblickt hat: Jean Jacques Rousseau. Wird der in der „Vindication" gedanklich schon vorbereitete und in den großen Revolutionsschriften zum Austrag gebrachte Gegensatz Burkes zu Rousseau auch in den Spalten des „Annual Register" sichtbar? Seine Hauptwerke sind gerade in den Jahren erschienen, in denen Burkes Mitarbeit am „Annual Register" besonders intensiv gewesen ist, und in der Tat entstammen die beiden einzigen Besprechungsartikel über Werke von Rousseau gerade dieser Zeit: die Rezension der „Lettre sur les Spectacles" von 1760 und des „Emile" von 1762 [27]. Sie sind schon deshalb bemerkenswert, weil sie ein scharfumrissenes Bild der menschlichen Persönlichkeit Rousseaus und seiner widerspruchsvollen Charakteranlagen vermitteln – schon lange bevor seine exzentrischen Neigungen durch den berühmten Konflikt mit Hume auch in England allgemein bekannt wurden. Für den Rezensenten ist Rousseau ein „Paradoxical Genius", ausgezeichnet durch hohes Talent, aber belastet mit einer unglücklichen seelischen Struktur. Seine „ungesellige Wildheit" und sein starrer Tugendfanatismus haben den Glanz seines Genies verdunkelt und seine intellektuelle Leistung entwertet. Sie kann der Menschheit keinen „wirklichen Nutzen" bringen, denn sie führt zu „allgemeinem Skeptizismus", der die klare Scheidelinie zwischen „Gut" und „Böse" verwischt. Das ist, in ein paar Worten zusammengefaßt, das wenig

[27] Annual Register 1759 und 1762. Die Rezension der «Lettre sur les Spectacles» ist auszugsweise veröffentlicht bei R. Lennox, E. Burke und sein politisches Arbeitsfeld in in den Jahren 1760–1790, 1923, S. 20. Anm. 1 – die des „Emile" ausführlich analysiert bei *Copeland,* a. a. O., S. 138 f.

Der „Contrat Social" ist im A. R. nicht besprochen, die „Nouvelle Héloïse" nur in einer Fußnote erwähnt. (A. R. 1761, S. 4). Dagegen enthält das A. R. v. 1763, S. 5 ff. eine auszugsweise Wiedergabe der „Lettre à Christophe de Beaumont" v. 18. Nov. 1762, das v. 1782 S. 25 Auszüge aus den „Confessions".

günstige Urteil des Rezensenten über Rousseau [28]. Man braucht es nur in stärkere Töne zu setzen, und man hört bereits das Grundmotiv der leidenschaftlichen Anklage erschallen, die Burke in seinen Revolutionsschriften gegen Rousseau geschleudert hat. Hier wie dort steht nicht der Denker, sondern der Mensch Rousseau im Mittelpunkt der Kritik, hier wie dort sind es Eitelkeit und Verstiegenheit, die als Grundeigenschaften Rousseaus auftreten, und hier wie dort wird seine Lehre an ihrem moralischen Nutzwert gemessen. „Rousseau is a moralist or he is nothing!" – Das berühmte Verdikt der „Letter to a Member of the National Assembly [29]" erscheint so als die letzte und schärfste Zuspitzung eines Gedankens, der in den Rousseauartikeln des „Annual Register" bereits enthalten ist. Ob Burke sie selbst geschrieben oder nur inspiriert hat – jedenfalls sind sie Geist von seinem Geiste, und wer sie unbefangen liest, wird nicht mehr behaupten können, Rousseau sei erst durch die Revolution voll in sein Blickfeld gelangt [30]. Gewiß hat der jakobinische Rousseaukult seine Abneigung gegen den „philosopher of vanity" in ungeahntem Maße verstärkt und in einen Haß gewandelt, dessen Steigerung sich an seinen Revolutionsschriften ablesen läßt [31], aber er erwächst aus einem Bild, das in seinen Umrissen schon dreißig Jahre früher festlag.

Was hat Burke so frühzeitig in eine entschiedene Abwehrstellung zu Rousseau getrieben und warum hat er gerade ihn aus der großen Schar der „French philosophers" herausgehoben und auf ein Piedestal gestellt? Diese Frage berührt ein echtes geistesgeschichtliches Problem, erscheint doch dieser von Burke so tief empfundene Gegensatz auf den ersten Blick nichts weniger als selbstverständlich. Denn beide kämpften im Grunde gegen den gleichen Feind: den Vernunftstolz des Aufklärungszeitalters. Und jeder von ihnen ist auf seine Weise zum Wegbereiter der Romantik geworden. Man hat daher sogar den eigenartigen Versuch wagen können, einer angeblichen Verwandtschaft des Denkens zwischen Rousseau und Burke nachzuspüren, auf die gewisse Gemeinsamkeiten in ihrem Staats- und Freiheitsbegriff hindeuten [32]. Aber, wie wir meinen, darf man Burkes Verhältnis zu Rousseau nicht in allzu weitem ideengeschichtlichem Rahmen sehen. Man läuft sonst

[28] Wir haben es der Besprechung über die „Lettre sur les spectacles" entnommen, weil sie zeitlich früher liegt als der Artikel über „Emile".

[29] Works II, 535.

[30] So neuerdings *J. Voisine,* Burke contre Rousseau, Revue du Nord 36 (1954).

[31] Man vergleiche das Rousseaubild in den „Reflections" und der „Letter to a Member of the National Assembly".

[32] *A. M. Osborn,* Rousseau and Burke. A study of the Idea of Liberty in the 18th Century Political Thought, 1940.

Gefahr, ihre Fernwirkung und ihre zeitbedingten Ausgangspositionen zu verwechseln. Daß diese bei beiden grundverschieden waren, bedarf keiner Erörterung. Auch wo ihr Denken um die gleichen Begriffe kreist – Vernunft, Natur, Tugend, Freiheit – gewinnen sie doch bei jedem einen völlig anderen Inhalt. Dazu kommt ein weiteres, das freilich oft übersehen wird, wenn man Burke zu stark von dem großen Strom empirisch-utilitären Denkens absondert, von dem er wohl wegtendierte, der ihn aber noch mitgetragen hat. Gerade was ihn noch als echten Sohn seines Jahrhunderts erweist: der nüchtern-praktische Zug seines Denkens und sein stets auf den greifbaren moralischen Nutzen gerichteter Blick mußten ihn dem Autor der „Nouvelle Héloïse" und der „Confessions" entfremden. Sowohl der Empirist wie der Moralist in ihm fühlten sich instinktiv von Rousseau abgestoßen. Er hat daher in ihm nicht nur den Rationalisten, sondern auch und gerade den Gefühlsmenschen bekämpft, und in ihrer Verbindung mit einer eminenten literarischen Begabung[33] sah er das Neue und Gefährliche bei Rousseau. Burke war selbst eine viel zu geschlossene Persönlichkeit, um Rousseaus tragisch zerrissener Natur tieferes Verständnis entgegenbringen zu können. Er sah daher nur Anmaßung und Perversion, wo wir heute Reinheit des ethischen Wollens und leidenschaftliches Ringen um ein höheres Menschentum zu erkennen meinen[34].

Neben Rousseau ist es vor allem Voltaire, der im „Annual Register" das französische Schrifttum repräsentiert. Allerdings nicht im Besprechungsteil, wofür sich die in tausend Einzelschriften verzettelte Produktion Voltaires auch wenig eignete, sondern in einer Fülle von Anekdoten, Briefauszügen und charakteristischen Aussprüchen. Das „Annual Register" ist in dieser Hinsicht nur das getreue Spiegelbild der gewaltigen Breitenwirkung, die von Voltaire auf das gesamte europäische Geistesleben ausgegangen ist. Er ist die große literarische Kuriosität des Jahrhunderts, die immer wieder die Blicke auf sich zieht. Aber das starke Interesse des „Annual Register" für Leben und Werk Voltaires weist zugleich noch in eine andere Richtung. In

[33] Burke hat sie bis zuletzt widerwillig anerkannt. Noch in der "Letter to a Member of the National Assembly": "We certainly perceive, and to a degree we feel, in this writer a style, glowing, animated, enthusiastic". Works II, 540.

[34] Angesichts dieses fundamentalen Gegensatzes erscheint mir die von *Voisine* aufgeworfene Frage unerheblich, ob Burke ein anderes Bild von Rousseau gewonnen hätte, wenn er ihm persönlich begegnet wäre, oder eine gründlichere Kenntnis seiner späteren Werke, vor allem des „Contrat social" besessen hätte. Auch muß bemerkt werden, daß Voisine im Irrtum ist, wenn er meint, Burke habe die „Confessions" nur in der verstümmelten Ausgabe von 1778 gekannt. Das A. R. enthält lange Auszüge aus der authentischen Ausgabe von 1782.

den vergleichsweise seltenen redaktionellen Stellungnahmen erscheint der „Weise von Ferney" gewissermaßen stellvertretend für den Geist der „Infidelity" und des freidenkerischen Deismus, der für den gebildeten Durchschnittsleser das Hauptcharakteristikum der französischen Aufklärungsliteratur darstellte[35]. Das „Annual Register" folgt hier einer in der zweiten Jahrhunderthälfte immer mehr Raum gewinnenden Ansicht, in der ein hochbedeutsamer geistig-politischer Vorgang zum Ausdruck kommt: Die wachsende Antipathie breiter englischer Schichten gegen den religions- und traditionsfeindlichen Skeptizismus der „French philosophers". Voltaire ist der Prototyp und das Symbol eines fremdländischen Intellektualismus, der das lesende Publikum noch immer stark beschäftigt, gegen den es aber allmählich immun zu werden beginnt. Das Anschwellen dieser populären Strömung läßt sich an tausend Einzelbeispielen verfolgen[36], und wir begreifen, welche Bedeutung ihr gerade im Hinblick auf Burke und den zeitgeschichtlichen Hintergrund seines Wirkens zukommt. Ihr Vorhandensein verbietet aber zugleich, die starke Hervorhebung Voltaires in den Spalten des „Annual Register" als weiteren Beweis von Burkes Mitarbeit anzusehen. Auch lassen seine späteren Schriften erkennen, daß für sein persönliches Verhältnis zur französischen Aufklärung Voltaire nicht annähernd so bestimmend gewesen ist wie Rousseau. Und offenbar hat er sich gerade hierin von der Mehrheit seiner englischen Zeitgenossen unterschieden[37]. Wenn er ihn zitiert – und das ist verhältnismäßig selten –, so nur in Gemeinschaft anderer „philosophers" und „freethinkers", mit deren Masse er verschmilzt.

So läßt auch die wiederholte kritische Durchmusterung des „Annual Register" noch immer die Frage offen, was Burke selbst im einzelnen dazu

[35] Als ein Beispiel für viele vgl. A. R. 1778, S. 1 ff. Es handelt sich um einen Nekrolog Voltaires, der mit den bezeichnenden Sätzen schließt: "We shall not enter into a circumstantial detail of his character and conduct with respect to religion and morals. We shall only observe, that his opposition to christianity was not only indecent and disingenuous, but was, moreover, carried on with a degree of acrimony, spite, bitterness and bigotry, which has not been perceivable in the writings of any Deist, known to us in the present age."

[36] Vgl. *B. N. Schilling*, Conservative England and the Case against Voltaire, New York 1950. Es ist das Verdienst seiner quellenkundigen und methodisch einleuchtend geführten Untersuchung, die Reflexe dieser Erscheinung in der gesamten reichen Flug- und Zeitschriftenliteratur verfolgt zu haben.

[37] *Schilling* hat nachgewiesen, daß nicht eigentlich Rousseau, sondern Voltaire in der überwiegenden Mehrzahl englischer Stimmen als geistiger Urheber der Revolution erscheint und begründet es einleuchtend wie folgt: "Voltaire had a much wider reputation as an enemy of Christianity than Rousseau, and this goes far to explain the greater English willingness to believe evil of him. There was still some question as to Rosseau's irreligion, but none whatever in the case of Voltaire." A. a. O., S. 237.

beigetragen hat und was nicht. Aber sicher ist, daß die Tätigkeit als Herausgeber und Rezensent sein Interesse für die literarisch-philosophische Aktivität des Nachbarlandes nur vertieft und verstärkt haben kann. Und vieles deutet darauf hin, daß er bereits ein recht bestimmtes Bild von den Wesenszügen französischer Geistigkeit besaß, als sich seine erste entscheidende Berührung mit der französischen Wirklichkeit vollzog.

II

Burkes Reisen nach Frankreich gehören zu den ungelösten Rätseln seiner Biographie. Er hat zwar immer seine aus eigener Anschauung geschöpfte Kenntnis französischer Zustände betont, aber Zeitpunkt und Dauer seiner Frankreichreisen völlig unbestimmt gelassen. Nicht einmal über ihre Anzahl hat er sich deutlich ausgesprochen. Nach einer von Prior überlieferten mündlichen Äußerung sollen es „drei oder vier" gewesen sein[38]. Ebenso vage und unbefriedigend sind die Angaben seiner Biographen. Einmütigkeit scheint nur darüber zu herrschen, daß Burke dreimal in Frankreich gewesen ist[39], aber wann und wie lange, ist bis jetzt unklar geblieben. Nur die bekannte Frühjahrsreise 1773 liegt wirklich fest – für die beiden anderen sind wir auf Vermutungen angewiesen. Die erste verliert sich im Dunkel der „missing years" seines Lebensganges. Der einzige Anhaltspunkt, den wir dafür besitzen, ist eine Stelle in der nur spärlich erhaltenen Korrespondenz seiner Jugendjahre. Burke entschuldigt sich hierbei bei seinem Freunde Richard Shackleton für sein langes Schweigen mit seinem unruhigen Leben und häufigen Ortswechsel, der ihn „manchmal nach London, manchmal in entfernte Teile des Landes, und manchmal nach Frankreich" geführt habe[40]. Dieser erste frühe Aufenthalt in Frankreich dürfte also zwischen 1752 und 1756 gelegen haben, d. h. zwischen dem vorhergehenden, noch erhaltenen Brief an Shackleton[41] und dem Ausbruch des Siebenjährigen Krieges, der eine Reise auf den Kontinent zumindest erschwert haben wird. Ob und wann die andere stattgefunden hat, ist noch schwerer zu ermitteln, denn es

[38] Life of the Rt Hon. E. Burke, 5. Aufl. 1882, S. 39.

[39] Eine Ausnahme macht nur *B. Newman,* E. Burke, 1927, S. 68, der die Reise von 1773 als die erste und einzige bezeichnet, die Burke je auf den Kontinent gemacht hat.

[40] Vom 10. Aug. 1757, Corr. I, 32.

[41] Vom 28. Sept. 1752, ebda. S. 26 f. Burkes letzter Biograph, Sir Philip Magnus, nimmt irrtümlich an, dieser Brief selbst sei in Frankreich geschrieben, weil er sich durch den französischen Klang des Absendeortes täuschen läßt. Der Brief ist in *Turlaine* geschrieben, aber Turlaine liegt in Wiltshire, was schon *Prior,* a. a. O., S. 36 ermittelt hat. Vgl. Sir *Ph. Magnus,* E. Burke, A Life, 1939, S. 10

gibt dafür nicht den geringsten autobiographischen Hinweis. Einige Autoren legen sie vor, andere nach den Frühjahrsaufenthalt von 1773[42].

Aber wie oft Burke auch früher oder später noch in Frankreich gewesen sein mag – sicher ist, daß nur sein Pariser Aufenthalt im Februar 1773 Eindruck auf ihn gemacht hat und für sein Verhältnis zu Frankreich wichtig geworden ist. Burke begleitete damals seinen Sohn Richard nach Auxerre, der dort unter der Obhut des Bischofs Monsieur de Cicé seine französischen Sprachkenntnisse vervollkommnen sollte[43]. Auf der Rückreise ist er etwa vierzehn Tage in Paris geblieben, und in der Tat gibt es für diesen Aufenthalt einen Kronzeugen von hohem literarischem Rang: es ist die Marquise du Deffand, bei der Burke eingeführt wurde und die in ihrer Korrespondenz eine recht anschauliche, wenn auch nicht eben inhaltsreiche Schilderung seines Besuches gegeben hat[44]. Wir kennen die Gäste der Marquise, mit denen Burke zusammengetroffen ist[45], wir erfahren, daß ihm in Paris der Ruf vorausging, Verfasser der „Juniusbriefe" zu sein. Die Marquise erwähnt bedauernd Burkes schlechte französische Sprachkenntnisse und die ihm dadurch auferlegte Zurückhaltung in der Konversation. Offenbar hat sie ihm auch eine Einladung zu Madame de Luxembourg verschafft, wo Burke einer Lesung von La Harpes „Barménécides" beiwohnen sollte. Sie gibt ihm ein Exemplar von Guiberts gerade erschienenem „Essai de Tactique" für Horace Walpole mit und glaubt, daß der geehrte Gast „content de notre nation" nach England zurückkehren werde. Das sind die

[42] *D. C. Bryant,* Edmund Burke and his literary Friends, St. Louis 1939 spricht von einer „brief summer excursion in 1775" (S. 298). Diese durch nichts belegte Annahme ist unwahrscheinlich, denn in der ziemlich dichten Korrespondenz des Jahres 1775 würde eine Reise auf den Kontinent, selbst wenn sie sich nur auf wenige Tage erstreckt hätte, Spuren hinterlassen haben. Prior in der 2. – ausführlichsten – Ausgabe v. 1826 S. 246 unterscheidet zwischen einer Reise im Sommer 1772 und einer im Jahre 1773, die dann in den späteren Auflagen zu einer verschwimmen. Wahrscheinlich gehen diese Widersprüche schon auf Burkes ersten Biographen Robert Bisset zurück, der in seinem notorisch unzuverlässigen „Life of E. Burke", 1798, S. 157 Burkes bekannte, in die „Reflections" eingegangene Reise auf 1772 vorverlegt.

[43] Dieser Zweck der Reise wird in einem Brief Burkes an den Marquis of Rockingham v. 10. Jan. 1773 – unmittelbar vor der Abfahrt – selbst angegeben: "I think he is full young for the University ... it is a good time to form his tongue for foreign languages. I feel, almost every day of my life, the inconvenience of wanting them." Corr. I, 419.

[44] Hauptsächlich in ihren Briefen an Horace Walpole. Vgl. Lettres de la Marquise du Deffand à H. Walpole, ed. P. Toynbee II, S. 476, 479, 481, 484 und in einem Brief an die Duchesse de Choiseul v. 15. Febr. 1773. Vgl. Correspondence complète de la Marquise du Deffand, p. p. M. de Lescure, II, 1865.

[45] Es waren u. a. der Bischof v. Mirepoix, der Herzog v. Broglie, der Hauptagent des ‚Secret du Roi' u. Caraccioli, der Nachfolger des Abbé Galiani als neapolitanischer Gesandter.

wenigen, nicht sehr ergiebigen Tatsachen, die sich über Burkes kurzen Umgang in der Pariser Gesellschaft feststellen lassen. Offenbar waren sie seinen Biographen zu mager, und da Burke selbst Einzelheiten seiner Pariser Reise mit keinem Wort berührt hat[46], sind sie zum Teil der Versuchung erlegen, aus eigener Phantasie zu ergänzen, was Burke verschwiegen hat. Der schrille Warnruf vor dem Geist des „philosophischen" Atheismus, den Burke bald nach seiner Rückkehr in einer berühmten Parlamentsrede ausgestoßen hat[47], schien geradezu dazu herauszufordern. In Paris muß es, so hat man wohl gemeint, zu einem folgenschweren Zusammenstoß zwischen Burke und seinen philosophischen Tischgenossen gekommen sein, der für seine spätere Haltung zu Frankreich und zur Französischen Revolution richtungweisend geworden ist. Die von Madame du Deffand erwähnten, ziemlich neutralen Persönlichkeiten können einen so nachhaltigen Eindruck nicht hinterlassen haben. Burke muß daher mit repräsentativeren Gestalten der französischen Aufklärung in Gedankenaustausch getreten sein. Was lag näher, als ihn in den Salon der Mademoiselle de Lespinasse zu verlegen, den Sammelpunkt der jüngeren Aufklärung und der Enzyklopädisten? So mag jene seltsame Legende entstanden sein, die von Burkebiographie zu Burkebiographie weitergeschleppt wird: Burke habe sich aus dem aristokratischen Salon der Marquise du Deffand gleichsam fortgestohlen und sich in das feindliche Lager der Lespinasse begeben, um seine Neugier zu befriedigen. Hier sei er mit Guibert und womöglich sogar mit Diderot zusammengetroffen. Offensichtlich geht diese Version auf Morley zurück, denn die älteren Biographen wissen nichts davon[48]. Bei dem fast kanonischen Ansehen, den dieses glänzend geschriebene Buch in England so lange genoß, ist es verständlich, daß seine Darstellung mit nur geringen Varianten von fast allen späteren Autoren ohne Nachprüfung übernommen wurde. In Wirklichkeit ergibt sich aus den Briefen der Madame du Deffand auch nicht der geringste Anhaltspunkt, daß Burke überhaupt bei Mademoiselle de Lespinasse gewesen ist, geschweige denn, daß er dort Guibert oder Diderot getroffen hat.

Dagegen ist – soweit ich sehe – allen bisherigen Biographen gerade der „Philosoph" entgangen, den Burke in Paris nachweislich getroffen hat. Er

[46] Nur ein Brief Burkes aus Paris ist erhalten, und er ist besonders inhaltsarm. Vgl. Corr. I, 424 f.

[47] Am 17. März 1773. "On the Relief of Protestant Dissenters." Works VI, 102 ff.

[48] Burke, 1879, S. 67 ff. Wie Morley darauf gekommen ist, läßt sich nur vermuten. Daß Madame du Deffand ihm Guiberts Buch mitgab und Burke sich darüber lobend äußerte, mag ihn zu dem Schluß verleitet haben, Burke habe den berühmten Freund der Lespinasse auch wirklich kennen gelernt u. sei außerdem mit Diderot zusammengetroffen.

gehört gewiß nicht in die erste Reihe der französischen Aufklärer und Enzyklopädisten, aber er ist doch ein typischer Vertreter jener abstrakt-spekulativen Denkweise, zu der Burke sich in Gegensatz wußte. Und es ist bezeichnend, daß auch sein französischer Gesprächspartner diesen Gegensatz empfunden hat. Es ist der Abbé Morellet, der in einem Brief an Lord Shelburne über seine Unterhaltungen mit Burke berichtet[49]. Morellet kritisiert darin das Unbestimmte und Zusammenhanglose von Burkes „philosophie" und findet darin einen charakteristischen Ausdruck englischen Wesens. Es fehlt ihr an Entschiedenheit und Klarheit – den Vorzügen französischen Denkens, zu denen Morellet sich nicht ohne Stolz bekennt. Der Brief enthält also gerade das, was die Berichte der Marquise du Deffand vermissen lassen: den Widerhall einer echten geistigen Begegnung, in der die Eigenart von Burkes Denkweise in aller Schärfe hervorgetreten sein muß[50].

Aber noch in anderer Hinsicht ist Morellets Brief aufschlußreich. Er bedauert, daß es ihm nicht gelungen ist, den englischen Gast mit dem berühmten Finanzintendanten Trudaine zusammenzubringen, dem der Abbé als Beamter der Generalkontrolle dienstlich unterstand[51]. Irren wir nicht, so gibt diese Stelle einen Fingerzeig auf das, was Burke in Paris wirklich suchte: nicht den Umgang mit „Philosophen" und literarischen „beaux esprits", sondern sachliche Unterrichtung über den Aufbau von Staat und

[49] Vgl. Lettres de l'Abbé Morellet à Lord Shelburne. 1772–1803, par Lord E. Fitzmaurice, Paris 1898, S. 21 v. 25. Febr. 1773. Da der Brief an schwer zugänglicher Stelle gedruckt ist, mag die Burke betreffende Stelle hier im Wortlaut folgen: « Je vous envoye, par M. Burke, que j'ai vu souvent à Paris, les cadres de la Pologne démembrée, que vous m'avez fait demander ... je veux vous parler un peu de M. Burke: il est très aimable et plein d'espoir et de chaleur; mais, mylord, j'ai cru lui voir une philosophie incertaine encore des principes, qui ne sont ni bien fixes, ni bien liés les uns aux autres. Si vous me permettez de vous l'avouer ici, il m'a semblé que cette incertitude est fort commune chez vous et parmi vos meilleurs esprits. Il se peut, que nous autres, philosophes françois, nous tombions dans un défaut opposé, d'être trop décidés, trop sûrs de nos opinions, mais au moins nous avons le repos de l'esprit: bonheur qui me paraît rare parmi vous . . . . Je m'aperçois peut-être un peu tard, qu'il est bien ridicule à moi de juger ainsi un homme de mérite, mais je vous prie de croire que je n'attache pas une grande importance à mon jugement, et surtout que je n'en crois pas M. Burke moins estimable et moins aimable ... Je n'ai pas pu lui (Trudaine) mener M. Burke, dont tous les jours ont été pris, et qui n'a pas pu répondre à tout l'empressement qu'on lui a montré de l'avoir. »

[50] Vielleicht ist ein Echo dieses Briefes in der ironischen Bemerkung v. *Horace Walpole* enthalten, der am 11. März 1773 an die Gräfin v. *Upper Onory* schreibt: "Mr. Burke is returned from Paris, where he was so much the mode that, happening to dispute with the philosophers, it grew the fashion to be Christians. St. Patrick himself did not make more converts." The Letters of *Horace Walpole*, ed. *Paget Toynbee*, VIII, S. 252.

[51] Über *Morellets* Beziehungen zu *Trudaine* u. *Turgot* vgl. *D. Dakin, Turgot* and the Ancien Régime in France, 1939.

Verwaltung Frankreichs[52]. Dagegen enthält auch Morellets Brief nicht den geringsten Hinweis auf einen politischen Hintergrund von Burkes Reise und auf angebliche Kontakte mit französischen Staatsmännern, die gelegentlich mit der gleichen Selbstverständlichkeit vorausgesetzt worden sind, wie sein Zusammentreffen mit Guibert und Diderot[53]. Der Umstand, daß Burke seine Reise in einem Augenblick internationaler Hochspannung antrat, mag diese Vermutung nahegelegt haben. Es war die polnische Teilung, die damals die Kabinette beschäftigte und in England eine heftige Reaktion der öffentlichen Meinung gegen die passive Haltung der Regierung ausgelöst hatte[54]. Die Sicherung der polnischen Unabhängigkeit war ein außenpolitischer Glaubenssatz der Whigs, und auch Burke ist ihm zeitlebens treu geblieben. Die Verletzung der polnischen Souveränität durch die drei Ostmächte ist ihm immer als der erste große Einbruch in die völkerrechtliche Ordnung des alten Europa erschienen und als Vorspiel seiner gewaltigsten Erschütterung: der Französischen Revolution. Er hat daher rückblickend eine Verbindungslinie zwischen den beiden Ereignissen gesehen, die in seinen großen Revolutionsschriften deutlich genug erscheint[55]. Aber auch schon aus früheren Betrachtungen Burkes zur polnischen Teilung spricht das Gefühl, einer verhängnisvollen Wende der europäischen Geschicke beizuwohnen, die ihn mit düsteren Ahnungen erfüllt[56]. Daß seine Reise auf den Kontinent von einigen Zeitgenossen auch tatsächlich mit der polnischen Teilung in Verbindung gebracht wurde, beweist der im „Public Advertiser" abgedruckte Brief eines unbekannten Einsenders vom 8. Februar 1773[57]. Hier wird die eigenartige Vermutung ausgesprochen, Burke sei als geheimer Abgesandter der Whigopposition nach Frankreich gegangen, um dort mit Choiseul und „The Heads of the Opposition in that Kingdom" über ein gegen die Teilungsmächte gerichtetes Bündnis zwischen England und Frankreich zu verhandeln. Auch ist es nur natürlich, daß Burke während seines

[52] Auch die Bemerkung der Mme *du Deffand, Burke* ginge jeden Tag « au Palais écouter nos avocats » weist in die gleiche Richtung.

[53] Vor allem *Macknight,* History of the Life and Times of *E. Burke,* 1858–1860, Bd. 2, S. 9 ff.

[54] Vgl. *D. B. Horn,* British Public Opinion and the first Partition of Poland, 1945.

[55] Vor allem in „Thoughts on French Affairs", Works III. 359 u. in „Letters on a Regicide Peace", Works V, 251.

[56] Vgl. seine „Letter to a Prussian Gentleman" v. 1772, Corr. I. 399 ff., der mit den berühmten Worten schließt: „Poland was but a breakfast ... where will they dine?" u. den historischen Artikel des „Annual Register" v. 1772, S. 2 ff., der den „first very great breach in the modern political system of Europe" ganz in *Burkes* Sinne behandelt.

[57] Mitgeteilt v. *Horn* a. a. O., S. 57.

Pariser Aufenthaltes dieses Ereignis in Gesprächen berührt hat[58]. Aber nichts rechtfertigt Macknights phantasievolle Behauptung, Burke habe damals mit den französischen Ministern über die Möglichkeiten einer Rettung Polens durch eine englisch-französische Allianz verhandelt. Ganz abgesehen davon, daß ein hervorragender Parlamentarier die denkbar ungeeignetste Persönlichkeit für ein whiggistisches „Secret" am französischen Hofe war, so bot sich auch dafür in der damaligen Situation nicht der geringste Ansatzpunkt. Denn die französische Regierung stand der Polnischen Teilung und den durch sie aufgeworfenen internationalen Problemen mindestens ebenso kühl-resigniert gegenüber wie die englische. Das bezeugen sowohl die Depeschen des englischen Botschafters Lord Stormont[59] wie die Memoiren des Abbé de Véri, der wichtigsten privaten Quelle zur Geschichte des Ministeriums d'Aiguillon[60].

So darf heute als sicher gelten, daß Burkes Frankreichreise von 1773 nur dem privaten Zweck diente, den er selbst klar genug bezeichnet hat. Aber damit wird ihre große Bedeutung für sein Verhältnis zu Frankreich in keiner Weise verkleinert. Allerdings scheint sie uns weniger auf der vielberufenen und zu sehr dramatisierten Begegnung mit dem schöngeistig-philosophischen Frankreich zu beruhen. Sie dürfte seine längst vorgebildete Ansicht von dem Gehalt der französischen Aufklärung wohl eindrucksvoll bestätigt, aber nicht durch wesentliche Erkenntnisse erweitert haben. Dagegen ist die lebendige Anschauung des französischen „ancien régime", die ihm dieser Aufenthalt vermittelte, aus seinen späteren Schriften nicht mehr wegzudenken. Es genügt , hier daran zu erinnern, daß weite Partien der „Reflections" aus der Rückbesinnung auf die Eindrücke dieser Reise erwachsen sind. Sie sind gewiß erst durch die Revolution in das Zentrum seines Bewußtseins gelangt, aber sie haben sich schon lange vorher mit den aus Lektüre und politischer Erfahrung gewonnenen Erkenntnissen verbunden und die Formung eines hochpersönlichen Bildes von Frankreich, seiner innerstaatlichen Grundlagen und seiner europäischen Stellung bei ihm vorbereitet.

Was war Frankreich für Burke, bevor es durch die Revolution zum Schauplatz welthistorischer Entscheidung wurde? Auf die denkbar kürzeste Formel gebracht und in seinen eigenen Worten: "our neighbour and

[58] Worauf er in den oben zitierten Stellen aus seinen Revolutionsschriften ausdrücklich hinweist.

[59] Public Record Office S. P. 78. 278. *Burkes* Besuch in Paris wird hier übrigens nicht erwähnt.

[60] Journal de l'Abbé *de Véri,* p. p. *J. de Witte,* 2 Bde., 1928, I, S. 77.

rival[61]". Um den Sinn dieser Formel zu verstehen, muß man sich klarmachen, daß Burkes Aufstieg zu parlamentarischer und politischer Geltung ziemlich genau zwischen den beiden Hauptzäsuren der großen englisch-französischen Auseinandersetzung des Jahrhunderts liegt: dem Pariser Frieden von 1763 und dem Versailler Frieden von 1783. Wenn Burke nach Frankreich blickt, so sieht er zunächst den mächtigen Rivalen, dessen finanzielle und politische Kräfte er immer wieder mit denen des eigenen Landes vergleicht. Der langsame machtpolitische Niedergang Frankreichs, den er aufmerksam verfolgt, wird ihm zum Gradmesser der wachsenden Größe und Handelsblüte Englands. Aber Frankreich ist für ihn nicht nur der große überseeische Gegner. Es ist auch das zugleich vertraute und bedrohliche Nachbarland, die noch immer stärkste und geschlossenste Kontinentalmacht – ja, das Land, das für Burke den Kontinent recht eigentlich repräsentiert. Das einzige, das er aus eigener Anschauung kennt und das bei aller Gegensätzlichkeit der nationalen Mentalität mit England in einem geistig-kulturellen Austauschverhältnis steht. So umgreift die Formel „neighbour and rival" den ganzen Bereich unausgeglichener Spannungen zwischen den beiden führenden Großmächten des 18. Jahrhunderts. Je nach den wechselnden Gegebenheiten der Weltlage und der innerpolitischen Konstellation tritt bei Burke bald die eine, bald die andere Seite dieses Verhältnisses stärker hervor.

Es entsprach nur der geschichtlichen Situation, in der sich der Politiker Burke mit dem zeitgenössischen Frankreich zu beschäftigen hatte, daß sein Blick vornehmlich auf die materiellen Grundlagen der bourbonischen Monarchie gerichtet blieb. Ihre Bewertung folgt dabei nicht nur den Gesichtspunkten des britischen Reichsinteresses, sondern auch dem jeweiligen Parteistandpunkt, den Burke in den großen innerenglischen Auseinandersetzungen zu vertreten hatte. Das Bild von Frankreichs Wirtschaft und Finanzen, das in Burkes früheren politischen Schriften und Reden entsteht, ist daher nicht einheitlich. Es wird nicht nur beeinflußt durch den Wandel der politischen und ökonomischen Gegebenheiten, die Burke in Frankreich zu beobachten glaubte – es ist auch in hohem Grade mitbedingt durch den innerpolitischen Zweck oder Anlaß, aus dem Burke sprach und schrieb. So wird ihm Frankreich bald zur düsteren Folie, von der sich Englands Wirtschaftsaufschwung nach dem Siebenjährigen Krieg leuchtend abhebt[62] – bald zum Beispiel einer erfindungsreichen und bis zum gewissen Grade nachahmenswerten

[61] Schon in „Observations on the present State of the Nation", 1769, Works I, 232.
[62] ebenda.

Finanzpolitik[63]. In beiden Fällen ist der innenpolitische Zweck offensichtlich. Handelte es sich 1769 darum, die in den pessimistischen Prognosen einer bekannten Flugschrift enthaltene Kritik an Rockinghams Ministerium durch ein möglichst vorteilhaftes Bild der englischen Überlegenheit über den besiegten französischen Rivalen zu entkräften, so weist elf Jahre später das von Burke entworfene Bild der französischen Finanzen in die entgegengesetzte Richtung. Das kurzlebige Wunder der Neckerschen Anleihepolitik, die es Frankreich ermöglichte, ohne neue Steuern Krieg zu führen, wird zum propagandistischen Argument gegen die Finanzwirtschaft der englischen Regierung. Bei aller zweckbestimmten Einseitigkeit erwachsen diese Urteile doch auf eingehender Unterrichtung, die sich in den „Observations" zu einem statistisch unterbauten Vergleich des englischen und französischen Handelsvolumens verdichtet.

Diese hohe Bewertung des wirtschaftlichen und kommerziellen Moments für das Gesamtverhältnis der beiden Staaten ergab sich folgerichtig aus der besonderen Problematik eines Reichsgebildes, dessen Macht nicht an imponierenden Heereszriffern und den Quadratmeilen von Provinzen und Ländern abzulesen war, sondern im Grunde nur aus einem erstaunlich lockeren Geflecht weltweiter Handelsbeziehungen bestand. Aber gleichzeitig spricht daraus jener für Burke so charakteristische Tatsachensinn, seine Vorliebe für unwiderlegbare Fakten und die greifbaren Wahrheiten des Alltagsdaseins als Kriterien politischer Zweckmäßigkeit. Die wirtschaftliche Aufwärtsentwicklung Englands, deren staunender Zeuge er war, ist ihm immer ein entscheidendes Argument für die Gesundheit auch seiner politischen und sozialen Grundlagen gewesen. Und ebenso mag die rasche Erholung Frankreichs im letzten Drittel des Jahrhunderts seine Auffassung von der politischen Lebenskraft des „ancien régime" nicht unwesentlich beeinflußt haben. Das gleiche Land, das er noch 1769 in hoffnungsloser finanzieller Zerrüttung einer Revolution entgegentreiben sah[64], scheint ihm zehn Jahre später in eine neue Phase wirtschaftlicher Expansion einzutreten. Frankreichs historische Rolle als weltpolitischer Rivale der englischen Macht gewinnt dadurch einen neuen, gefährlichen Sinn. Und seine Zeitgenossen darauf hinzuweisen, war ja der Hauptzweck des glänzenden Bildes, das er von der finanziellen Leistungsfähigkeit der großen Kontinentalmonarchie entwarf. Sie erscheint ihm ein

[63] In „Speech on Economical Reform", 1780.

[64] "I believe, who has considered their affairs with any degree of attention or information . . ., must hourly look for some extraordinary convulsion in that whole system", Observations, Works I, 230.

weit gefährlicheres Instrument französischer Machtentfaltung als Armeen und Flottenrüstung oder der militante Geist der Nation, denn „alle diese Dinge hatte auch schon Ludwig XIV.,[65]" ohne doch die entscheidende Schwäche der bourbonischen Monarchie ausgleichen zu können, die sie trotz glänzender Siege und beispielloser Einzelerfolge immer wieder zu Englands Füßen zwang: die chaotische Unordnung der Finanzen. Jetzt aber „sehe ich nichts mehr von Ludwig XIV. und Ludwig XV. Im Gegenteil, ich sehe mit Erstaunen, wie durch die ‚willkürliche Gewalt' (arbitrary power) selbst, inmitten von Krieg und Verwirrung, ein regelmäßiges und methodisches System des öffentlichen Kredits entsteht[66]."

So wird ihm die wirtschaftliche Gesundung Frankreichs im Zeichen der Neckerschen Finanzpolitik – deren Erfolge er freilich wie viele Zeitgenossen anfangs stark überschätzte[67] – zum Symptom eines über den ökonomischen Bereich weit hinausreichenden Vorgangs: der Wandlung oder doch Fortentwicklung auch der politischen Lebensform Frankreichs. Gewiß bleibt es für ihn ein absolutistischer Staat, dessen Charakter sich in seiner politischen Terminologie nur negativ umschreiben läßt mit „arbitrary power" oder „unqualified government." Aber – und das ist für Burke das Erstaunliche – dieser Staat ist im Begriffe, die abstoßenden Züge eines „arbitrary power" immer mehr abzustreifen. Verschiedene Stellen in den Reden dieser Jahre deuten darauf hin, daß er dem französischen Absolutismus Eigenschaften zuerkannte, die ihn aus der Reihe der übrigen „despotischen" Staaten Europas heraushoben. So wird ihm Neckers Ministerium zum Anzeichen einer allmählichen Erweiterung der absolutistisch-katholischen Grundstruktur des alten Frankreich in Richtung einer begrenzten religiösen Toleranz, und es ist bemerkenswert, daß ihm als Prototyp eines „despotischen" Regimes nicht etwa Frankreich erscheint, sondern das bigotte Spanien und das friderizianische Preußen[68]. Als ein dem englischen „balanced government" relativ nahe gerückter Sonderfall des kontinentalen Absolutismus – so etwa stellt sich ihm die französische Monarchie des ausgehenden „ancien régime" dar, als ein Staatswesen, das von seiner stolzen Machthöhe im Zeitalter Ludwigs XIV. längst herabgeglitten ist, aber noch immer von der Sonne seines alten Ruhmes bestrahlt wird und dessen Rivalität mit England durch die Lockerung seines starren absolutistischen Gefüges einen

[65] Speech on the Economical Reform, Works II, 60 f.
[66] Speech in Bristol, 1780, Works II, 157.
[67] *Burke* hat *Necker* sogar den „Speech on the Economical Reform" zugesandt. Ein Dankschreiben *Neckers* vom 12. Juli 1780 befindet sich in den Lamport Hall MSS.
[68] Speech on Conciliation with America, 1775, Works I, 508.

neuen Inhalt bekommt. Inwieweit dieses Bild der historischen Wirklichkeit entsprach, hat uns hier nicht zu beschäftigen. Sicher ist, daß wir darin eine der wesentlichen Voraussetzungen für Burkes Verhältnis zur Französischen Revolution zu erblicken haben.

III

Es gehört heute zu den gesicherten Ergebnissen der Burkeforschung, daß sich der Autor der „Reflections" schon sehr früh in einem scharfen Gegensatz zur Französischen Revolution gewußt hat – lange bevor er den publizistischen Feldzug gegen sie eröffnete. Seine erste Stellungnahme zu den Ereignissen in Frankreich, die uns erhalten ist – ein Brief vom 9. August 1789[69] – läßt bereits erkennen, daß er ihnen weder mit Sympathie noch mit Gleichgültigkeit zusah – den Gefühlen, in die sich damals noch die meisten englischen Beobachter der großen Umwälzung teilten. Wenn er auch noch kein entschiedenes Urteil über den Sinn und die Tragweite des Schauspiels abzugeben wagt, so betrachtet er es doch nicht nur mit abwartender Skepsis, sondern mit unverhohlenem Widerwillen. Auch des besonderen nationalen Rahmens wird hier bereits gedacht, der ihm in Burkes Augen erst seine sensationelle Bedeutung gibt: es ist ein „French struggle for liberty", dem England mit Erstaunen beiwohnt, und der gerade deshalb so erregend ist, weil er sich in dem „neighbouring and rival country" abspielt.

Wie ist diese frühe Fixierung seiner Gesamthaltung zur Französischen Revolution zu erklären? Daß sie letzthin den allerpersönlichsten Bereichen seines Denkens und Fühlens entsprang, wird niemand bezweifeln wollen, der Burkes Auseinandersetzung mit dem zeitbeherrschenden Vorgang als Ganzes überschaut. Und keine noch so tiefdringende Untersuchung seiner Lebensumstände und seiner Umwelt wird diese Erkenntnis umstoßen können. Sie enthebt aber den Historiker nicht der Verpflichtung, der Frage nachzugehen, ob zu diesen entscheidenden inneren Antrieben nicht noch äußere verstärkend hinzugetreten sind, die in der besonderen Situation des Jahres 1789 Burkes Augenmerk für die französische Entwicklung schärfen mußten.

Dabei ist zunächst des bedeutsamen innerenglischen Konflikts zu gedenken, der dem Revolutionsausbruch unmittelbar vorausging und in dem Burke eine führende parlamentarische Rolle zufiel. Es ist die sogenannte „Regency Crisis", die im Herbst 1788 durch eine vorübergehende Geistesstörung Georgs III. ausgelöst wurde und bis zur Genesung des Königs im April 1789

[69] An Earl of Charlemont, Charlemont Papers II, Hist. MSS. Comm. 28, 2, S. 105.

andauerte. Die Aussicht auf eine Regentschaft des Prinzen von Wales, die sich damit eröffnete, führte zu einer seltsamen Verkehrung der politischen Fronten. Während die Whigs – und als ihr Sprachrohr Burke – sich zu Anwälten der Krone aufwarfen und die Übernahme der Regentschaft durch ihren hochgeborenen Gönner kraft dynastischen Erbrechts forderten, verteidigte Pitt die Souveränität des Parlaments und seinen Anspruch, den Prinzen mit der Regentschaft zu beauftragen. Die parteiegoistischen Motive, die hinter diesen entgegengesetzten Auffassungen standen, waren auf beiden Seiten durchsichtig genug. Und es ist wahrscheinlich, daß Burke in der Debatte nicht seine innerste Überzeugung, sondern den Parteistandpunkt vertreten hat[70]. Aber immerhin hat er ihn mit Argumenten verteidigt, die seinen Blick unwillkürlich auf die historische Stellung der englischen Krone lenken mußten. Man hat diesem Umstand große Bedeutung beigemessen und mit guten Gründen gemeint, daß sich Burke schon damals jenes Bild der englischen Verfassung und ihrer geschichtlichen Grundlagen erschlossen habe, das seinem Kampf gegen die Revolution voranleuchtet[71]. Ist es doch auffällig, daß die „Reflections" mit einer Apologie der englischen Monarchie und ihres erblichen Charakters einsetzen; und in einem späteren Brief hat Burke selbst die hier entwickelte Auffassung und sein früheres Eintreten für das Erbrecht des Prinzen von Wales in Parallele gesetzt[72]. So scheint in der Tat manches auf einen inneren Zusammenhang zwischen Burkes Haltung zur Revolution und den in der Regentschaftsdebatte gewonnenen Erfahrungen hinzuweisen. Aber er dürfte doch erst in sein Bewußtsein getreten sein, als ihm die Revolution zur tödlichen Bedrohung des eigenen Landes und damit

[70] Es fehlt nicht an Anzeichen dafür, daß *Burkes* Loyalität gegenüber seiner Partei damals stark überfordert worden ist. Daß er nach außen hin mit *Fox* und *Sheridan* als Vorkämpfer einer unpopulären und im Grunde unwürdigen Aufgabe erschien, mußte ihn um so mehr verstimmen, als er offenbar zu den internen Beratungen der Parteiführung nicht gebührend herangezogen wurde. Vgl. das Tagebuch von *Georgiana,* Duchess of Devonshire, eine wichtige Quelle zur Geschichte der Regency Crisis, die *W. Sichel* im Anhang seiner Sheridanbiographie veröffentlicht hat. Eine gründliche Untersuchung der Krise, die noch immer aussteht, wird vielleicht hier schon auf die psychologischen Wurzeln der späteren Spaltung der Whigs stoßen können.

[71] Schon *W. Th. Laprade,* England and the French Revolution. 1789–1797, Baltimore 1909, S. 17 ff. Neuerdings *H. Butterfield,* Charles James Fox and the Whig Opposition, Cambridge Historical Journal IX (1947), S. 294.

[72] an *William Wedell,* 31. Jan. 1792, Corr. III, 399: „I meant to do service to the prince when I took this ground on the regency; I meant to do him service when I took the same ground in my publication." Um den Quellenwert dieser Briefstelle richtig einzuschätzen, muß man aber das Datum beachten, an dem sie geschrieben ist: nach dem Bruch mit *Fox* und der Spaltung der Partei.

zum innerenglischen Problem wurde. In ihrem Anfangsstadium ist sie für ihn noch ein französisches Ereignis und deshalb gewinnt die Frage besonderes Interesse, welche Eindrücke er von dem Schauplatz des Geschehens selbst empfing.

Daß er ein eifriger und regelmäßiger Zeitungsleser war und auch die Vorgänge in Frankreich in der englischen und französischen Tagespresse verfolgte, ist nur selbstverständlich und überdies durch zahlreiche Äußerungen Burkes bezeugt. Aber hierin unterschied er sich kaum von jedem anderen politisch interessierten Engländer. Wie jedem von ihnen wird auch ihm die Zeitungslektüre nur das nackte Tatsachengerüst der Vorgänge enthüllt und den Rohstoff für die eigene Meinungsbildung geliefert haben [73]. Da sie aber schon so früh und so grundsätzlich erfolgte, liegt die Vermutung nahe, daß Burke noch über persönlichere und unmittelbarere Informationsquellen verfügte, die das allgemeine Bild der Ereignisse in einer ganz bestimmten Richtung ergänzten und abrundeten.

Der bisherige Stand der Burkeforschung gestattete lediglich, die psychologische Wahrscheinlichkeit einer solchen Beeinflussung zu bejahen. Erst die Freigabe der unveröffentlichten Teile seiner Korrespondenz hat den Beweis erbracht, daß Burkes Unterrichtung über den Fortgang der Ereignisse in Frankreich keineswegs nur von Zeitungsnachrichten abhängig war. Enthalten sie doch eine ganze Reihe bisher unbekannter Briefe aus dem revolutionären Frankreich der Jahre 1789 und 1790. Sie sind gerade deshalb so aufschlußreich, weil der Blickwinkel, unter dem die Korrespondenten schrieben und urteilten, Begleiterscheinungen und Auswirkungen der Revolution besonders hervortreten ließ, die Burke in seiner Auffassung von dem Wesen der großen Krise nur bestärken konnten.

Daß sie in ihrer Mehrzahl nicht an Edmund Burke selbst, sondern an seinen Sohn Richard gerichtet sind, bedeutet dabei keine Minderung ihres Wertes. Vielmehr dürfen wir darin einen Hinweis auf die entscheidende Mittlerrolle erblicken, die Richard Burke in den Beziehungen seines Vaters zu Frankreich zugefallen ist. Sie bildet eine längst nicht genügend gewürdigte Voraussetzung für Burkes Verhältnis zur Revolution und erscheint erst in dem neu erschlossenen Material der Sheffield Manuscripts in vollem Licht.

Schon aus sprachlichen Gründen war Richard der geborene Mitarbeiter seines Vaters in allen französischen Angelegenheiten, denn die Frucht seines

[73] Daß er den Wert der Zeitungen für die Meinungsbildung nicht eben hoch einschätzte, hat er selbst gelegentlich zum Ausdruck gebracht. Denn „Zeitungen führen nicht die öffentliche Meinung, sondern folgen ihr nach". Vgl. *Copeland*, a. a. O., S. 230.

Auxerrer Studienjahres war ein sicherer und gewandter französischer Stil[74], wie seine eigene Korrespondenz in dieser Sprache und zahlreiche Einschübe und Verbesserungen in den Konzepten zu Edmund Burkes französischen Briefen beweisen. Weit wichtiger für Vater und Sohn waren die menschlich-persönlichen Beziehungen, die Richard zu seinem Gastland gewann. Sie haben sich vor allem auf einer zweiten Reise vertieft, die Richard im Winter 1785/86 nach Frankreich führte. Aus den Briefen, die der junge Burke damals nach Hause schrieb, ergibt sich, daß er nicht nur in den innersten Kreis der französischen Hocharistokratie eingedrungen ist, sondern daß es ihm sogar gelang, bei Hofe vorgestellt zu werden, dessen Pracht sein berühmter Vater zwölf Jahre früher nur aus der Ferne bewundern konnte. Sein Bericht über dieses Ereignis ist erhalten[75] und zeigt, welche übersteigerte Bedeutung Richard Burke ihm beimaß. Fast wäre man versucht zu sagen: er sah darin einen Wendepunkt in seinem Dasein. Und er schließt mit ein paar Sätzen, die jeden Kenner Burkes nachdenklich stimmen müssen: „Welcher Hof steht höher und ist glänzender als der von Frankreich? An welchem Hof könnte es einem besser gefallen, so ausgezeichnet, bewirtet und verwöhnt zu werden? Ich frage Euch: welchen Titel oder Rang könntet Ihr zu Hause unter allen Opfern für mich erwirken, der mir die gleiche Befriedigung gewährte, die ich hier empfinde und die jeder zu empfinden wünscht? Ich habe mich hier pari passu gehen sehen mit allen . . ., was in England nur auf Grund von Rang, Vermögen und Ansehen möglich ist. Ich bin besonders herausgehoben und ausgezeichnet worden, wozu unabhängige Tüchtigkeit sicher stärker beigetragen hat als ein glücklicher Zufall."

Wir haben diese Briefstelle in wörtlicher Übersetzung wiedergegeben, weil sie uns ungemein bezeichnend erscheint für die hochgradig emotionale Einstellung des jungen Burke zu Frankreich und seiner herrschenden Schicht. Mag man sie seinem Vater vielleicht zu Unrecht vorgeworfen haben – sicher ist, daß der Sohn sie in höchstem Maße besaß. Aber die Stelle zeigt nicht nur Richards naive Empfänglichkeit für den höfischen Glanz des „ancien régime" – sie enthüllt zugleich ihre psychologische Wurzel: ein unverhohlenes soziales Ressentiment. Denn was dem Empfang in Fontainebleau für Richard erst Reiz und Bedeutung gibt, ist der Kontrast zwischen der ihm erwiesenen Ehre und der vergleichsweise bescheidenen Stellung seiner Familie

[74] Im April 1774 rühmt die Marquise *du Deffand*, die *Richard* auf der Rückreise aufsuchte, seine Geläufigkeit im französischen Ausdruck, wodurch er sich von seinem berühmten Vater vorteilhaft unterscheide.

[75] Vom 9. November 1785 an Mrs. *Burke* aus Fontainebleau, Sheffield MSS.

im heimatlichen England. Er berührt damit einen nicht unwesentlichen und oft falsch eingeschätzten Begleitumstand von Burkes Laufbahn: das Mißverhältnis zwischen seinen Leistungen und Verdiensten und ihrer äußeren gesellschaftlichen Anerkennung. Ist er doch nie wirklich in jene „ruling class" aufgestiegen, in deren Dienst er sich verzehrte. Trotz engsten politischen und auch persönlichen Kontaktes blieb doch immer eine unsichtbare Schranke zwischen den Häuptern der Whigaristokratie und dem „Irish adventurer". Burke hat sie immer willig respektiert und erst am Ausgang seines Lebens, aufs tiefste verletzt durch aristokratischen Dünkel und Unverstand, in einem leidenschaftlichen Aufschrei zu erkennen gegeben, wieviel Entsagung und Selbstverleugnung er sich damit abverlangte[76].

Richard Burke brauchte nicht mehr „an jeder Wegschranke seinen Paß vorzuzeigen"[77] wie sein Vater, dessen Ansehen ihm die Tore von „influence" und „patronage" frühzeitig öffnete. Ihm fiel wie selbstverständlich zu, was jener erst unter Kämpfen und auf langen Umwegen erreicht hatte. Aber gerade deshalb erschien ihm als unverdiente Zurücksetzung, was der Vater noch als natürliche Folge seiner Herkunft hingenommen hatte. Es ist die Tragik der Söhne großer Männer, daß sie sich entweder im Schatten des väterlichen Ruhmes fühlen oder sich zu seinem Herold machen. Und Richard Burke gehört eindeutig in die zweite Kategorie. Er hat bis zu seinem frühen Tode darunter gelitten, daß er die Verdienste seines Vaters nicht gebührend gewürdigt sah[78]. Diese Kränkung wird zur Wunde des eigenen Selbstgefühls und zum Stachel seines hochentwickelten Ehrgeizes. Er hat die Anliegen seines Vaters mit einem Feuereifer ergriffen und mit einer Unbedingtheit vertreten, die über die Pflichten der Sohnesliebe weit hinausgingen und Edmund Burke oft mehr geschadet als genützt haben. Offensichtlich liegt hier auch der Grund für Richards allseits bezeugte Unbeliebtheit[79]. Umgekehrt hat Burke selbst dem einzigen, über alles geliebten Sohn eine Bewunderung entgegengebracht, die ans Schwärmerische grenzte und von den über Familienbande sehr nüchtern denkenden Zeitgenossen als krankhaft empfunden wurde. Er hat ihm – wie

[76] In „Letter to a Noble Lord", 1796.

[77] Ebenda, Works V, 125: "... at every turnpike I met, I was obliged to show my passport, and again and again to prove my sole title to the honour of being useful to my country ..."

[78] Das wird besonders deutlich bei seinem zähen Kampf um die Pension seines Vaters. Vgl. *H. V. F. Somerset*, Some papers of *E. Burke* on his pension, EHR 45 (1930).

[79] Fast in allen zeitgenössischen Memoiren. Besonders nachdrücklich b. *Frances Burney* (Madame *d'Arblay*) u. b. Lord *Holland*, Memoirs of the Whig Party during my Time, I, S. 7 ff.

wir sehen werden: zuweilen gegen bessere Einsicht – in seinen späteren Beziehungen mit der französischen Emigration einen Einfluß eingeräumt, der sich hemmend auf die eigene Urteilsfähigkeit auswirkte. Man muß die eigentümlichen Grundlagen ihres Verhältnisses kennen, um das Zusammenwirken von Edmund und Richard Burke im Kampf gegen die Französische Revolution richtig einzuschätzen. Gedanklich war Richard nur das Sprachrohr seines Vaters, dessen Ideen er – meist in vergröberter Form – weitergab. Was er selbst beisteuerte, war der starke Impuls persönlichen Ehrgeizes und der enge Kontakt mit jener höfisch-aristokratischen Welt, die sich ihm in Frankreich erschlossen hatte.

Es erscheint nach dem Gesagten nur selbstverständlich, daß die Nachrichten, die Richard Burke 1789 aus Frankreich erhielt, dem Kreise der privilegierten, durch die Revolution unmittelbar betroffenen Schichten entstammten. Dazu gehörte auch die Familie Parisot — offenbar eine der frühesten Bekanntschaften, die Richard in Frankreich gemacht hatte. Die Parisots, in der Umgegend von Auxerre begütert, waren typische Vertreter jener durch die Kombination von Ämterkauf und Grundbesitz heraufgekommenen Mittelschicht von bürgerlicher Herkunft und mit adligem Lebensstil, wie sie im französischen „ancien régime" die soziale Grenzscheide zwischen dem dritten und den beiden ersten Ständen darstellte[80]. Die engen Verbindungen der Familie zur bischöflichen Residenz machten sie für Richard zu einer Quelle wertvoller Informationen über das Ergehen seines geistlichen Freundes und Protektors. Es ist nun überaus lehrreich, an Hand dieser Briefe zu verfolgen, wie hier das Geschehen des Jahres 1789 ganz vom Standpunkt des begüterten und kirchentreuen Grundeigentümers gesehen wird. Schon bei den Wahlen zu den Generalständen in Auxerre ist von dunklen Machenschaften des „Tiers Etat" die Rede und von der für den Klerus heraufziehenden Gefahr[81]. Und diese düsteren Ahnungen erscheinen vollauf bestätigt in einem langen Erlebnisbericht über das Wüten der „Grande Peur" in diesem nördlichen Grenzgebiet der Bourgogne[82]. Sein Kernstück bildet die Beschreibung einer ergebnislosen, von den argwöhnischen Bauern erzwungenen Suche nach verborgenen Brotvorräten in einem bischöflichen Schloß. Auch die persönliche Lage der Familie im Gefolge der großen Umwälzung

[80] Aus den Briefen der Mme *Parisot* ergibt sich, daß ihre Einkünfte aus einem kleinen selbstbewirtschafteten Weingut, grundherrlichen Gefällen und der – allerdings schon vor der Revolution verkauften – ‚Charge' des Herrn Parisot bestanden.

[81] Vom 17. März 1789, Lamport Hall Mss.

[82] Vom 14. Sept. 1789 ebenda.

wird ausführlich erörtert. Die Augustdekrete haben sie ihrer Privilegien und damit eines großen Teils ihres Einkommens beraubt. Über die Höhe des finanziellen Verlustes werden genaue Zahlenangaben gemacht. Sogar die Möglichkeit einer Emigration nach England wird schon erwogen, denn der Brief schließt mit der Frage: «Dites-moi, je vous prie, ce que coûteroit à Londres une chambre et un cabinet propre mais bien simple.» Welchen Eindruck solche Berichte auf ihre englischen Adressaten machen mußten, läßt sich unschwer ausmalen. Aber in diesem Fall sind wir nicht einmal darauf angewiesen. Denn in einem Brief an seinen Freund William Windham bezieht sich Burke ausdrücklich auf einen Bericht, den sein Sohn gerade aus Frankreich erhalten habe und „der die elende und ungewisse Lage aller Besitzenden in furchtbaren Farben malt[83]." Das kann aus zeitlichen und sachlichen Gründen nur der erwähnte Brief der Madame Parisot gewesen sein. Burke hat ihn also gelesen und als instruktives Einzelbeispiel für die Seite der Revolution betrachtet, durch die er sich am meisten abgestoßen fühlte: den Umsturz der Besitzverhältnisse und die soziale Nivellierung auf Kosten der „landed property". Mochte er an Hand von Zeitungen und Flugschriften die Etappen der konstitutionellen Entwicklung verfolgen, der das revolutionäre Frankreich zustrebte, so ergab sich erst aus persönlichen Berichten wie dem der Madame Parisot ein Bild der sozialen Wirklichkeit, das seine eigenen Vorstellungen zugleich bestätigte und präzisierte. Und es heißt den Wert dieser privaten Informationen nicht überschätzen, wenn man ihnen einen vorbereitenden Einfluß auf Burkes Auseinandersetzung mit der Revolution zuerkennt, in die er noch am Ende des gleichen Jahres eingetreten ist.

Im November 1789 hat Burke jene einzigartige Korrespondenz aufgenommen, die schließlich in den längsten Brief ausmünden sollte, den die Weltliteratur kennt: die „Reflections on the Revolution in France". Ihr Ausgangspunkt ist ein lange verschollener Brief vom 4. November, den Burke aus Frankreich erhielt. Der Schreiber ist niemand anders als der „very young Gentleman at Paris", für den die „Reflections" bestimmt waren und dessen Identifizierung mit dem Parlamentsrat Jean François de Pont erst in den letzten Jahren gelungen ist[84]. De Pont hatte fünf Jahre früher bei einem Be-

[83] Vom 27. Sept. 1789. Correspondance of *E. Burke* and *W. Windham*, ed. by *G. P. Gilson*, Cambridge 1910, S. 20 f.

[84] Durch *H. V. F. Somerset*, ‚*A Burke* Discovery', „Englisch" 8, (1951). Erst diese grundlegende Untersuchung hat die Burkeforschung aus einem Irrgarten geführt, in den sie durch die naheliegende Verwechslung des Adressaten der ‚Reflections' – *De Pont* – und ihres Übersetzers – *Dupont* – geraten war. *Somerset* hat an der gleichen Stelle die Briefe *de Ponts* veröffentlicht, deren Originale sich in Lamport Hall befinden.

such in London und Beaconsfield Burkes Bekanntschaft gemacht und dabei – nach seinen eigenen Worten – „zum erstenmal sein Herz für die Freiheit schlagen fühlen." Der Brief ist ein einziges glühendes Bekenntnis zur Revolution und offenbar dem Wunsche entsprungen, sich darin von Burke ermuntert und bestätigt zu sehen. Daß er bei Burke Verständnis und Sympathie für den Freiheitskampf der Franzosen gegen „Despotismus und Korruption" voraussetzte, erscheint nur natürlich, wenn man bedenkt, wie sich Burke einem aus der Ferne urteilenden Franzosen 1789 darstellen mußte: als Führer der Opposition gegen eine engliche Abart des „Despotismus", als der große Fürsprecher der amerikanischen Unabhängigkeit, zuletzt und vor allem als der sprachgewaltige Ankläger kolonialer Ausbeutung und Unterdrückung, auf den sich die bewundernden Blicke des aufgeklärten Europa richteten. Seine ganze bisherige Laufbahn schien gleichsam auf die freiheitlichen und humanitären Ideale hinzuweisen, denen die Revolution zum Durchbruch verhelfen wollte. De Pont verfiel damit nur der gleichen Illusion wie manche berühmtere Landsleute, die den Burke des „Impeachment" verehrt und zu den ihren gezählt hatten: ein Raynal, ein Mirabeau, ja selbst ein Anarchasis Cloots, der noch 1790 an Burke schreiben konnte: « Vous m'avez trouvé digne d' être votre ami [85]. » Im Grunde spricht daraus das gleiche, geistesgeschichtlich so tief begründete Mißverständnis, das spätere Historiker in Burkes Eintreten gegen die Revolution einen Bruch mit seiner „liberalen" Vergangenheit sehen ließ. Die moderne Forschung hat Jahrzehnte gebraucht, um – mühselig genug – zu der Einsicht zu gelangen, daß der Burke der „Reflections" kein anderer war als der des „Impeachment" und der „Conciliation with America". Wie sollte sie sich den Zeitgenossen erschließen, die in Burke nicht den Denker, sondern den Staatsmann sahen und ihn nicht an seinen Grundanschauungen, sondern nur an seiner Parteinahme zu den großen Tagesproblemen messen konnten?

Mit de Pont ist zum erstenmal ein überzeugter Anhänger der Revolution in Burkes Blickfeld getreten – eine Tatsache, die für ihn zunächst von informatorischem Wert war. Er hat ihn selbst halb ironisch anerkannt, wenn er den soeben erhaltenen Brief von "Young Picky Poky" an Richard mit den Worten weitersendet: "I am not sorry to have *one* Frenchman to give some account of *their* proceedings [86]." Auch hat er nicht gezögert, de Pont jeden

[85] Ende der „Adresse d'un Prussien à un Anglais" v. 12. Mai 1790, deren Original sich in den Sheffield MSS befindet.

[86] Am 11. November 1789. Lamport Hall MSS. Der Scherzname für *de Pont* geht auf ein Erlebnis zurück, das der junge Franzose während seines Londoner Aufenthaltes mit Taschendieben (pick pockets) hatte.

Zweifel an seinem eigenen Begriff von „French Liberty“ zu nehmen. Er hat ihm in zwei Briefen geantwortet, die beide ziemlich gleichzeitig im November 1789 entstanden sein müssen und die sich inhaltlich ergänzen. Der eine ist Burkes erste zusammenhängende Betrachtung der Revolution überhaupt. Er zeigt bereits das gedankliche Gerüst, auf das sich sein publizistischer Kampf gegen ihre Prinzipien fortan stützen wird und ist als eins der bedeutendsten und zugleich sympathischsten Zeugnisse seines Denkens in Burkes Gesamtwerk eingegangen – aber er hat ihn niemals abgeschickt[87]. Die wesentlich kürzere Antwort, die de Pont wirklich erhielt, läßt sich nur noch aus einigen bekanntgewordenen Bruchstücken rekonstruieren[88]. Sie unterscheidet sich von der anderen nicht nur durch die sehr viel schärfere Tonart, sondern auch durch größere Gegenständlichkeit des Inhalts. Während der berühmte „Lehrbrief“ um die großen Grundprobleme kreist, die Burke durch die Revolution aufgeworfen sieht – den Unterschied von „Revolution“ und „Reformation“, von praktischer und theoretischer Freiheit, das Verhältnis von Mittel und Zweck im Reiche politischer Entscheidungen – werden in dem zweiten die Revolutionsereignisse selbst in den Mittelpunkt gerückt. Vor allem jenes, in dem Burke immer die entscheidende Zäsur der Revolution, ja ihr furchtbares Symbol schlechthin gesehen hat: der Marsch der Weiber nach Versailles.

So steht die Korrespondenz mit de Pont bereits im Zeichen einer bedrohlichen Beschleunigung des Revolutionsverlaufs, und vermutlich hat sie de Pont gerade zu dem Zeitpunkt eröffnet, wo die Revolution für Burke aus einem Gegenstand mißtrauischer Beobachtung zu einer immer deutlicher empfundenen Gefahr zu werden begann. Vielleicht ist es mehr als ein seltsamer Zufall, daß de Ponts Brief gerade das Datum trägt, an dem sich Burke die Ausstrahlungen der Revolution auf England zum erstenmal besorgniserregend enthüllten: des 4. November, des Jahrestages der „Glorious Revolution“. Zu ihrem Gedächtnis ist damals jene Rede gehalten worden, an der Burke den Einbruch der „French Principles“ in das englische Denken wahrzunehmen glaubte und die er zum Ausgangspunkt der „Reflections“ genommen hat[89].

Wie erklärt sich jene eigentümliche „Ansteckungsfurcht“, die einen Hauptimpuls der gesamten antirevolutionären Publizistik Burkes bildet und deren

[87] Es ist der Brief, auf den sich *Burke* in der Einleitung zu den „Reflections“ bezieht, den er aber dort falsch – auf Oktober 1789 – datiert. Er ist abgedruckt in Corr. III, 102–121. Doch ist der Name des Adressaten in *de Pont*, das Datum in November abzuändern.

[88] Das hat *Copeland*, a. a. O., S. 230 ff. mit Erfolg getan.

[89] Discourse on the Love of our Country v. Dr. *Price*.

Intensität ihn von allen anderen englischen Betrachtern der Revolution unterscheidet? Bestand sie nur in seiner Phantasie oder war sie objektiv begründet? Der Historiker wird beide Fragen verneinen müssen. Er kennt die starken, in der politischen Tradition und der sozialen Struktur des Landes wurzelnden Gegenkräfte, die es gegen eine tiefere Wirkung der egalitären Propaganda immun machen mußten, und vor allem: er weiß, daß sie sich siegreich behauptet haben. Aber er darf deshalb nicht in den Fehler verfallen, das Urteilsvermögen der mitlebenden Zeitgenossen an seiner überlegenen Kenntnis des tatsächlichen Geschichtsverlaufs zu messen. Ausstrahlungen der Revolution auf England, die sich heute vom Gesamtbild der Epoche als kurzlebige Oberflächenerscheinungen abzeichnen – wie etwa die Aktivität der Reformgesellschaften und Clubs –, waren damals in ihrer Tragweite nicht abzuschätzen. Die neuen, im Gefolge der beginnenden Industrialisierung auftauchenden sozialen Probleme, das weitverbreitete Bedürfnis nach einer Modernisierung des Wahlrechts, die mehr und mehr als anachronistisch empfundenen Einschränkungen der bürgerlichen Rechtsgleichheit für ganze Bevölkerungsgruppen mußten dem großen Beispiel eines Neubaues von Staat und Gesellschaft nach rationalen und daher unmittelbar einleuchtenden Prinzipien auch in England einen aufnahmebereiten Boden sichern. All das muß man sich vor Augen halten, um Burkes Revolutionsfurcht richtig einzuschätzen. Sie war, wenn auch ins Maßlose gesteigert, in ihrem Kern verständlich und zweifellos tief und echt.

Das Merkwürdige und auf den ersten Blick fast Rätselhafte ist nur, daß die von Frankreich ausgehende Bedrohung schon in das Zentrum seines politischen Bewußtseins trat, als die Revolution von dem Stadium ihrer expansiven Entfaltung noch weit entfernt war – ja als die verschiedensten Anzeichen finanzieller, wirtschaftlicher und militärischer Natur auf einen baldigen Zusammenbruch des revolutionären Frankreich hinzudeuten schienen. Paradoxerweise ist es aber gerade der Machtverfall Frankreichs, dessen Beobachtung ihm die mit der Revolution verbundene europäische Gefahr zunächst erschloß. Schon in dem ersten erhaltenen Urteil Burkes über die internationalen Auswirkungen der Revolution – einem Brief vom 12. November 1789 – leuchtet dieser Zusammenhang [90] auf, um dann das eigentliche Haupt-

[90] an *Earl Fitzwilliam*, Lamport Hall MSS: „As to France . . ., I should think it a country undone, and irretrievable for a long course of time. I confess I am very sorry for it. I should certainly wish to see France circumscribed within moderate limits . . . But I think I see many inconveniences, not only to Europe at large but to this country in particular from the total political extinction of a great civilized nation situated in the heart of this our Western system."

thema der Rede über die „Army Estimates" zu werden – Burkes erster öffentlicher Stellungnahme zur Revolution[91].

Zu Beginn des Jahres 1790 erscheint ihm Frankreich als „politisch inexistent" und für unbestimmte Zeit aus dem Kreis der großen Mächte verbannt. Der alte Rivale Englands liegt am Boden; er hat sich selbst tiefer gedemütigt als „zwanzig Ramillies oder Blenheims" vermocht hätten. Diese Stellen sind oft als Beweis seiner politischen Kurzsichtigkeit angeführt worden oder doch eines begreiflichen Irrtums, in dem er sich wie die meisten Zeitgenossen über die wahre Stärke des verjüngten Frankreich befand. Dabei wird aber häufig der weitere Hintergrund außer acht gelassen, auf dem Burke diese Beobachtungen macht und auf dem sie erst voll verständlich werden. Denn was Burke beeindruckt, ist nicht so sehr der jähe Absturz Frankreichs von seiner alten Höhe als die dadurch bewirkte Störung des „europäischen Systems". Auch Frankreich hat darin seinen festen Platz, den es nicht verlassen kann, ohne die übrige Staatenwelt zu gefährden. Dieses europäische Gesamtinteresse wird durch ein völliges Verschwinden der französischen Macht ebenso verletzt wie durch ihr schrankenloses Ausgreifen. Erst dieser weiterreichende Gedanke gibt der Erörterung des französischen Machtverfalls in der Rede über die „Army Estimates" Sinn und Gewicht. Die materielle Stärke oder Schwäche des revolutionären Frankreich wird damit fast zu einer Frage von nachgeordneter Bedeutung. Denn jedenfalls ist es ein von Grund auf gewandeltes Frankreich, das sich durch den Umbruch seiner inneren Ordnung zugleich vom europäischen Staatensystem losgesagt hat.

Burkes Stellung auf der Grenzscheide zweier Epochen wird nirgends deutlicher als in diesen frühen Reflexionen über das Verhältnis von Revolution und Staatensystem. Er steht einerseits noch ganz in der Tradition des Gleichgewichtsdenkens seines Jahrhunderts. Er lebt noch in der Vorstellung einer unmittelbaren Wechselwirkung von wirtschaftlicher Blüte und machtpolitischer Entfaltung. Er teilt die Ansichten der meisten Staatsmänner von der hoffnungslosen finanziellen und militärischen Schwäche des desorganisierten französischen Staatswesens. Wir sehen: er mißt die materielle Seite des großen Vorganges noch ganz mit den üblichen Denkkategorien seiner Zeit. Aber sie beginnen sich bei ihm bereits mit neuem Inhalt zu füllen. Der Gleichgewichtsbegriff ist bei ihm nicht nur das Werkzeug einer nüchternen Interessenpolitik – er weitet sich ihm zur Grundlage einer ideellen Einheit Europas. Sie beruht vornehmlich auf den beiden Führungsnationen des „Western

[91] Am 9. Februar 1790. Works III, S. 269 ff.

Systems", die sich gerade in ihrer Wesensverschiedenheit ergänzen. Es ist die Enge ihres geographischen und kulturellen Nachbarverhältnisses, die jetzt eine neue schicksalsschwere Bedeutung gewinnt. Mag die machtpolitische Rivalität der beiden Staaten für immer zugunsten Englands entschieden sein, so ist es doch für die geistigen Einwirkungen des großen Nachbarlandes nur um so empfänglicher geworden. Sie sind gefährlicher als alle Heere und Flotten und verführerischer als alle Lockungen, die das bourbonische Frankreich in seiner höchsten Blüte und seiner größten Machtfülle aussenden konnte. Denn gegen den „Despotismus" Ludwigs XIV. – auch in seinen beispielhaften Zügen – war England gefeit, nicht aber gegen das neue Trugbild der Freiheit, das es in Frankreich aufgerichtet sieht.

So erwächst Burkes Revolutionsfurcht folgerichtig einer bestimmten Sicht, in der sich ihm Frankreich von jeher darstellte und die in der zwanzig Jahre früher gefundenen Formel „The rival and the neighbour country" schon enthalten ist. Aber auch hier wird man sich fragen müssen, ob nicht persönliche Eindrücke und Informationen die in ihm vorgebildete Erwartung einer von jenseits des Kanals drohenden Gefahr verstärkt und erst voll in sein Bewußtsein gerückt haben. In der Tat findet sich hier ein Anhaltspunkt, der in einem auffälligen zeitlichen Zusammenhang mit der Rede über die „Army Estimates" steht. Burkes unveröffentlichte Korrespondenz enthält einen seltsamen Brief, dessen erste Seite fehlt und dessen Absendedatum sich nicht mehr ermitteln läßt. Doch geht aus dem Brief eindeutig hervor, daß er nur zu Beginn des Jahres 1790 in Paris geschrieben sein kann. Das Bemerkenswerte daran ist, daß er ein Bild der Sprengwirkung der Revolution auf das europäische Staatensystem entwirft, wie es auch ein Burke nicht kräftiger hätte malen können. Nur erscheint es hier gleichsam unter umgekehrten Vorzeichen. Denn der Schreiber ist kein Gegner der Revolution, sondern einer ihrer leidenschaftlichsten Künder. Es ist niemand anders als Thomas Paine[92]! Wir stehen also vor der Möglichkeit, daß es gerade Burkes

[92] Lamport Hall MSS: Die entscheidende Stelle lautet: „The Revolution is certainly a forerunner to other Revolutions in Europe. Politically considered it is a new mode of forming alliances affirmatively with Countries, and negatively with Courts. There is no foreign Court, not even Prussia, that could now be fond of attacking France; they are afraid of their armies and their subjects catching the contagion. Here are reports of matters beginning to work in Bohemia and Rome . . . the English newspapers continue to hold out the probability of a Counter-Revolution in France. Where the power is to come from that is to work that counter-revolution, I have no idea of . . . The destruction of the feudal system has deprived pride of its power and Aristocracy of its authority, and it is as probable that those who pulled down the Bastille should build it up again and consent to be shut in it as that a Counter-Revolution should be worked."

berühmtester Gegner war, der ihm unwissentlich das Stichwort zu seinem ersten Warnruf vor der Revolution als europäischer Gefahr geliefert hat. Wir wissen sowohl von Burke wie von Paine, daß beide im Winter 1790 korrespondiert haben und daß ihr Bruch durch einen Brief verursacht wurde, in dem Paine die wachsende Verbreitung der „French opinions" in England und Europa begrüßt habe[93]. Und nichts spricht dagegen, daß es der oben erwähnte gewesen ist. Paine fiele dann in Burkes Auseinandersetzung mit der Revolution eine ähnlich bedeutsame Rolle zu wie dem ‚very young Gentleman'. Hatte de Pont den Anstoß zu ihrer privaten Eröffnung gegeben, so stände Paine gewissermaßen am Eingang ihrer entscheidenden öffentlichen Phase, die mit der Rede über die „Army Estimates" beginnt und mit dem Erscheinen der „Reflections" ihren ersten Höhepunkt erreicht[94]

IV

In ihrer endgültigen Form sind Burkes „Reflections" das umfangreichste und literarisch glanzvollste Zeugnis seines Denkens. Und als solches sind sie hauptsächlich verstanden und gewürdigt worden. Ihr sachlicher Gehalt wurde dabei hauptsächlich im Hinblick auf die geschichtliche Lage Englands gewertet, aus der sie entstanden und für die sie bestimmt waren. Die dokumentarische und historiographische Bedeutung der Schrift schien vor allem darauf zu beruhen, daß sie der Ausdruck einer stark persönlich gefärbten und doch geschichtlich bedingten Ansicht der englischen Verfassung war. Nicht ihr eigentlicher Gegenstand – das revolutionäre Frankreich – war es, dessen Schilderung die späteren Kritiker und Bewunderer der „Reflections" bis heute beschäftigt hat, sondern das hier errichtete stolze Gegenbild der englischen Verfassung als eines in Jahrhunderten geformten, im wesentlichen fertigen und in sich ruhenden Gebäudes. Was Burke gegen und über Frankreich

[93] Hieraus hat schon *Copeland* a. a. O. S. 171 ff. das Vorhandensein des Briefes geschlossen, ohne ihn zu kennen.

[94] Als *Burke Paines* Brief erhielt, gingen die Arbeiten an den ‚Reflections' schon ihrem vorläufigen Abschluß entgegen. Bereits am 18. Februar 1790 konnte er die erste Leseprobe in Gestalt zweier Druckbogen seinem Freunde *Philipp Francis* zugehen lassen. (Vgl. Corr. III, 128 f.) Aber auch die Francis zugeleitete ‚Paris Letter' vom Februar 1790 ist erst eine Vorarbeit der späteren ‚Reflections'. Denn diese enthalten Anspielungen auf Ereignisse, die erst im Sommer 1790 eingetreten sind. Offenbar sind es nicht nur taktische Überlegungen gewesen, die *Burke* bestimmten, die Veröffentlichung bis zum Spätherbst aufzuschieben. Auch die in ständigem Fluß begriffene Entwicklung der Revolution hat ihn bewogen, immer neue Tatsachen und Vorgänge in den ursprünglichen Entwurf hineinzuarbeiten, so daß die ‚Reflections' erst im Hochsommer 1790 ihre endgültige Form erhielten

schrieb, verlor dabei an Interesse und Gewicht. Daß er, hingerissen von der Aufgabe des Abwehrkampfes, den revolutionären Gegenkräften nicht gerecht zu werden vermochte, mußte auch die hier entwickelte Auffassung von Frankreich und seinen geschichtlichen Grundlagen weitgehend entwerten. Was war sie anders als ein zweckbestimmtes, auf oberflächlicher Unterrichtung erwachsenes, „einseitiges" und „unhistorisches" Wunschbild des alten Frankreich, von dessen romantisch verklärtem Hintergrund sich die düstere Nachtseite der Revolution wirkungsvoll abheben sollte. So erklärt sich, daß bisher kein ernsthafter Versuch gemacht worden ist, die Aussagen der „Reflections" über Frankreich auf ihren Erkenntniswert zu prüfen und daß eine ihrer instruktivsten Seiten fast völlig unbeachtet bleiben konnte: die von Burke hier angestellte Strukturanalyse des französischen „ancien régime" und der französischen Gesellschaft. Mag sie noch so unzulänglich und durch den politischen Zweck der Schrift beeinträchtigt sein – sie ist doch die erste, die wir überhaupt besitzen. Wie wir meinen, beruht gerade hierauf ein lange unterschätztes Interesse der „Reflections", dem wir im folgenden nachgehen wollen.

Man tut gut, sich zunächst zu erinnern, daß die „Reflections" Teilstück einer Korrespondenz sind – zwar ein gigantisches Teilstück, das sich zum Buch verselbständigt hat und über seinen ursprünglichen Zweck immer mehr hinausgewachsen ist, das aber noch deutliche Spuren seines Entstehungsgrundes trägt: nämlich Antwort zu sein auf die Fragen eines Franzosen. Dieser formale Charakter der „Reflections" ist nicht so unerheblich, wie man meinen könnte. Burke selbst hat ihn nie ganz aus den Augen verloren, so sehr er sich bewußt war, daß er für Engländer schrieb und auf Engländer wirken wollte. Der äußere Rahmen der Schrift blieb eine Erwiderung, bestimmt für einen französischen Adepten der Revolution. Wie wir meinen, ist das sowohl auf den gedanklichen wie den stofflichen Inhalt der Schrift nicht ohne Wirkung geblieben. Denn Burke sah sich dadurch genötigt, der besonderen nationalen Umwelt des Korrespondenten Rechnung zu tragen und sich bei der Beurteilung des weltbewegenden Vorganges gewissermaßen auf einen französischen Standpunkt zu stellen. Erst von hier aus gesehen wird die seltsame Spannungseinheit verständlich, die das Gedankengerüst der „Reflections" trägt. Die Revolution wird hier mit englischen Augen *gesehen*, aber an einer bestimmten Auffassung der geschichtlichen Eigenart Frankreichs *gemessen*. Die beiden Wertungsgesichtspunkte treten in ständiger Vermischung auf, aber sie entstammen ganz verschiedenen Wurzeln: die eine ist Burkes an England gebildeter, auf England bezogener, im Grunde aber für alle Staaten gültiger Verfassungsbegriff – die andere sein aus Anschauung und Erfahrung geschöpftes Bild des alten Frankreich und seiner politisch-sozialen Wirklichkeit.

Wir haben es in seinen ersten Umrissen schon lange vor der Revolution entstehen sehen. In den „Reflections" wird es vertieft und weiter ausgeführt. Schon daher verbietet es sich, in ihnen die bloße Apologie des durch die Revolution in Frankreich abgelösten Regimes zu erblicken. Auch für den Burke der „Reflections" ist und bleibt die französische Monarchie ein „unqualified government" mit notwendigerweise usurpatorischem Charakter, dem die wesentlichen Merkmale eines „freien" und damit „guten" Staates fehlen. Und Burke hätte seine politische Herkunft und seine tiefsten Überzeugungen verleugnen müssen, wenn er in dieser Herrschaftsform etwas anderes gesehen hätte als „a just and natural object of censure[95]". Was die französische Monarchie von anderen absolutistischen Staaten unterscheidet, sind lediglich gewisse versöhnliche Züge, die sie in den letzten Dezennien ihres Bestehens angenommen hat. Sie ist für ihn das relativ beste aller „ill-qualified governments" – ein „Despotismus", der sich unter dem wohltätigen Einfluß von Sitte und Gewohnheit gemildert und seine ursprüngliche Gewaltsamkeit abgestreift hat.

Erst von hier aus eröffnet sich der richtige Zugang für das Verständnis der eigentlichen Kernfrage der „Reflections". Sie lautet nicht: war die französische Monarchie gut oder schlecht? sondern: war sie bei all ihren Mängeln reformwürdig oder mußte sie mit ihren „Lastern" untergehen? Die Antwort sah Burke schon dadurch gegeben, daß sich die „Cahiers de Doléance[96]" nur gegen einzelne Mißstände der bestehenden Ordnung richteten, sie aber als Ganzes bejahten. Er sieht sie ferner in dem blühenden Zustand des Landes, seiner wachsenden Bevölkerung und seinem Kapitalreichtum, kurz: seiner staunenswerten wirtschaftlichen und zivilisatorischen Entfaltung. Und er sieht sie schließlich in dem Vorhandensein gewisser konstitutioneller Elemente, an die eine solche „Reform" sinnvoll anknüpfen könnte. Der vordringende Absolutismus hat sie zwar noch vor ihrer Blüte geknickt, aber sie sind weder aus dem Gedächtnis noch aus der politischen Wirklichkeit ganz geschwunden. Es sind die verschütteten, aber nicht zerstörten Fundamente eines stolzen Gebäudes: der alten „Verfassung" Frankreichs.

[95] Works II, 398.

[96] ebenda. Die ‚Cahiers' – er nennt sie „Instructions" – waren *Burke* eine Quelle erster Ordnung für sein Urteil über die französische Monarchie und die Revolution, auf die er sich oft bezieht. Er kannte sie wahrscheinlich aus Auszügen und Zusammenfassungen, wie sie 1789 in großer Zahl veröffentlicht wurden.

Kein anderes Teilgebiet seiner historisch-politischen Anschauungen hat stärkeren Widerspruch herausgefordert als Burkes Fiktion einer französischen Verfassung. Hier war der schlüssige Beweis, daß er weder Frankreich, noch seine Geschichte kannte. Wie hätte er sonst seinen französischen Zeitgenossen den befremdlichen Rat geben können, sich auf der Höhe ihres Jahrhunderts an die mittelalterlichen Grundlagen ihres Staatswesens zu erinnern. Schon Philipp Francis, der früheste und scharfsinnigste seiner zeitgenössischen Kritiker, hat hier die eigentliche Schwäche der „Reflections" noch vor ihrem Erscheinen erkannt und in einem berühmten Brief gekennzeichnet[97]. Er hat hier geradezu den Prüfstein für ihren Wahrheitsgehalt sehen wollen und warnend auf den Eindruck hingewiesen, den die Verklärung der abgelebten ständisch-aristokratischen Institutionen ihres Vaterlandes bei Burkes besser unterrichteten französischen Lesern hinterlassen mußte. Späteren Betrachtern haben sich hier die Grenzen sowohl seiner politischen wie seiner historischen Einsicht gezeigt. Seiner politischen, weil er verkannte, daß sich der Hauptstoß der Revolution gerade gegen die versteinerten Überreste jener ständisch-feudalen Ordnung richtete, die er in den „Reflections" pries[98] – seiner historischen, weil er damit der englischen Verfassungsentwicklung entnommene Vorstellungen auf Frankreich übertrug.

Dabei ist aber Burkes Kritikern entgangen, daß sein Bild der französischen Verfassung keineswegs nur die Ausgeburt eines romantischen, in historischen Reminiszenzen schwelgenden Geistes war. Mag es objektiv noch so unrichtig sein – es steht im Einklang mit einer sehr alten Tradition politischen Denkens, aus der es verstanden und an der es gewertet sein will. Ist doch „L'antique Constitution de France" ein in Frankreich selbst geborener, den französischen Zeitgenossen wohlvertrauter, im letzten Drittel des Jahrhunderts sogar höchst aktueller Begriff. Seinem Wesen nach unbestimmt und vieldeutig, konnte er die größten Gegensätze vereinigen und die verschiedensten politischen Inhalte in sich aufnehmen. Er wurde zur theoretischen Waffe gegen das absolute Königtum und erschien doch wieder als Rechtsgrund der monarchischen Gewalt. Aber seine zahllosen Varianten deuten alle auf eine gemeinsame Grundanschauung hin, die im zeitgenössischen Denken tief verwurzelt war. Sie erwuchs aus der Über-

[97] Auf Grund der ihm im Februar 1790 unterbreiteten Leseprobe. Vgl. Corr. III, 167 ff.

[98] So schon *Tocqueville*: „*Burke* ne s'aperçoit pas que ce qu'il a sous les yeux, c'est la révolution qui doit précisément abolir cette ancienne loi commune de l'Europe; il ne discerne point que c'est proprement de cela qu'il s'agit, et non d'autre chose." L'Ancien régime et la Révolution, Edition définitive de *J.-P. Mayer*, 1952, S. 96.

zeugung, daß die französische Monarchie durch eine Anzahl von Gesetzen, Gewohnheiten und Institutionen wenn nicht beschränkt oder kontrolliert, so doch gebunden war und gerade hieraus den ihr eigentümlichen Charakter einer „Monarchie tempérée“ empfing. Dadurch erschien die Kontinuität des modernen Frankreich mit seinen fernsten mittelalterlichen oder gar germanischen Ursprüngen hergestellt – eine Theorie, mit der sich sowohl die Rückbildung des französischen Absolutismus im ständisch-korporativen Sinne wie seine Fortbildung zum Verfassungsstaat englischer Prägung verfechten ließen. Erst am Vorabend der Revolution, im Kampf um die Zusammensetzung der „Etats Généraux“ sind diese beiden radikalen Folgerungen, die sich aus dem französischen Verfassungsbegriff ergaben, mit voller Deutlichkeit auseinandergetreten.

Wir müssen uns hier auf diese sparsamen Andeutungen eines außerordentlich vielschichtigen und weitreichenden Problems beschränken[99]. Es genügt uns festzustellen, daß Burke nicht weit zu suchen brauchte, um auch in Frankreich auf eine freiheitliche und aristokratische Überlieferung zu stoßen, in der das Bild der „ursprünglichen französischen Verfassung“ fortlebte. Daß er ihren literarischen Niederschlag in einigen repräsentativen Hauptwerken gekannt hat, steht außer Zweifel. In den „Reflections“ finden sich Spuren der Lektüre Saint-Simons, und sowohl Fénelons „Télémaque“ wie Boulainvilliers „Etat de la France“ gehörten zum Bestand seiner Bibliothek[100]. Vor allen anderen aber war es Montesquieu, an dem sich ihm der konstitutionelle Charakter der alten Monarchie erschloß.

Von allen französischen Schriftstellern seines Jahrhunderts war Montesquieu der einzige, dem Burke echte Autorität und wegweisende Bedeutung zuerkannte. Das mag zum Teil auf dem gewaltigen Prestige beruhen, das Montesquieu in England genoß. Galt er doch als der kongenialste ausländische Interpret der englischen Verfassung, der die Weisheit ihres „Systems“ wie kein anderer ergründet und im „Esprit des Lois“ klassisch formuliert hatte. Aber die Wahlverwandtschaft, die Burke zeitlebens für Montesquieu empfand, hat noch tiefere, gleichsam persönliche Wurzeln. Sie erwächst aus einer inneren Übereinstimmung der Anschauungsweisen, durch die sich

[99] Vgl. hierzu das noch immer grundlegende Werk von *E. Carcassonne,* Montesquieu et le Problème de la Constitution Française au 18e siècle, 1927 und über die dadurch ausgelöste Diskussion *L. Gottschalk,* Studies since 1920 of French Thought in the period of the Enlightenment, Journal of Modern History IV (1932).

[100] Sie läßt sich bis zu einem gewissen Grade aus einem Auktionskatalog rekonstruieren, der 1833 zusammengestellt und gedruckt wurde. Ein Exemplar dieser wichtigen Quelle für *Burkes* Lektüre befindet sich im Britischen Museum. [Catalogue SCE 49 (1)].

Burke über alle Unterschiede der Nationalität, der Generationen und Denkformen hinweg mit ihm verbunden fühlte. Und wo träte diese Übereinstimmung klarer zutage als in Montesquieus Konzeption des „gouvernement fondé sur un corps de noblesse", unter der sich ihm die französische Monarchie darstellte. Sprach doch daraus der gleiche Respekt für die historischen Grundeinrichtungen Frankreichs, den Burke den englischen entgegenbrachte – das gleiche Verständnis für die Imponderabilien von Sitte und Gewohnheit, Rang und Stand, Besitz und Ansehen – die gleiche Scheu, bewährte Unvollkommenheiten dem Trugbild rationaler Perfektion zu opfern. Daß Montesquieus Lehre noch weithin im Banne der mechanischen Kausalität der Aufklärung stand, minderte nicht ihren Erkenntniswert für den nachgeborenen englischen Betrachter. Brauchte er sie doch nur in seine gefühlswärmere Sprache und in seine reichere Begriffswelt zu kleiden, um sie sich zu eigen zu machen. Burkes Beschreibung der alten Verfassung Frankreichs als eines Systems in Wirkung und Gegenwirkung sich ausgleichender und verbindender Kräfte könnte fast dem „Esprit des Lois" entnommen sein[101], und wie für Montesquieu französische Monarchie und englische Verfassung zwei verschiedene Ausdrucksformen des „gouvernement modéré" sind, so erscheinen bei Burke „Your old and our present constitution" in bezeichnender Parallele.

Freilich werden hier zugleich auch die Grenzen sichtbar, bis zu denen Burke Montesquieu zu folgen vermochte. Bekanntlich beruhte für Montesquieu das unsichtbare Gleichgewicht der Verfassung Frankreichs auf den sogenannten „Zwischengewalten", die durch ihr bloßes Vorhandensein die erdrückende Vollgewalt des in der Theorie unumschränkten Monarchen milderten und verteilten. Durch die „Corps intermédiaires" – Adel, souveräne Gerichtshöfe, privilegierte Amtsträger – erschien ihm der freiheitliche Charakter der französischen Monarchie ausreichend gewahrt, boten sie doch im Grunde den gleichen Schutz gegen einen willkürlichen und regellosen Despotismus wie eine förmliche Repräsentativverfassung nach englischem Muster. Denn Montesquieu ist in Wirklichkeit niemals der „anglomane" Bewunderer der englischen Verfassung gewesen, für den die Zeitgenossen ihn

[101] Vgl. Works II, 308: „You had all that combination, and all that opposition of interests, you had that action and counteraction, which, in the natural and in the political world, from the reciprocal struggle of discordant, powers, draws out the harmony of the universe" und „De l'Esprit des Lois" V, 14: „Pour former un gouvernement modéré, il faut combiner les puissances, les régler, les tempérer, les faire agir; donner, pour ainsi dire, un lest à l'une, pour la mettre en état de résister à une autre; c'est un chef-d'œuvre de législation que le hasard fait rarement, et que rarement on laisse faire à la prudence."

hielten[102]. Er sah in der „Liberté anglaise" eine historisch begründete, den natürlichen Gegebenheiten des Landes und seinem Nationalgeist angepaßte Lebensform, keineswegs aber das zeitlos gültige Muster für andere Staaten und Völker. Und nichts hätte seiner Staats- und Geschichtsauffassung ferner gelegen als der Gedanke, die englische Verfassung zum Vorbild der französischen zu erheben. Sie waren ihm im Grunde gleichwertig, weil er in beiden Garantien gegen den Despotismus und für die Freiheit enthalten sah. Daher glaubte er auch auf die „Etats Généraux" als Schlußstein der französischen Verfassung verzichten zu dürfen. Sie bedurfte nicht der Sicherung durch eine selbständige Legislative, die in England ja gerade – wie Montesquieu meinte – durch die Verschmelzung und Einebnung der ständischen Unterschiede notwendig wurde. Und es fehlt nicht an Hinweisen dafür, daß er darin eher eine Schwäche als einen Vorzug des englischen „Systems" erblickt hat[103]. Für Burke dagegen war eine echte Verfassung ohne nationale Repräsentation undenkbar, und er mußte daher nicht in den „corps intermédiaires", sondern in den Generalständen das eigentliche konstitutionelle Element des alten Frankreich sehen. Dazu kam, daß er bereits einem sehr viel späteren Stadium der säkularen Auseinandersetzung um die französische Verfassung beiwohnte als Montesquieu, für den die „Etats Généraux" nur eine historische Reminiszenz an das „gouvernement gothique" des 13. und 14. Jahrhunderts waren.

Daß Burkes Blick mit Vorliebe auf den Einrichtungen des alten Frankreich haften blieb, in denen er eine gewisse Verwandtschaft mit den geschichtlichen Grundlagen Englands zu entdecken glaubte, ist nicht zu verkennen. Ebensowenig, daß er den Grad ihrer Vergleichbarkeit weit überschätzt und unwillkürlich die englische Verfassung zum Maßstab ihres Wertes und ihrer Entwicklungsmöglichkeiten erhoben hat. Man wird ihm aber nicht gerecht, wenn man darin nur nationale Befangenheit oder den auf die englischen Leser berechneten Zweck seiner Schriften sehen will. Beides hat zweifellos mitgesprochen, aber den letzten Grund seines Suchens nach Beziehungen zwischen der politischen Grundstruktur Englands und Frankreichs berührt es nicht. Er entspringt dem innersten Kern einer

102 Über das problematische Verhältnis *Montesquieus* zur englischen Verfassung und seine Spiegelung im englischen Denken vgl. die gründliche Untersuchung von *F. T. H. Fletcher*, Montesquieu and English Politics (1750–1800) 1939.

103 Vgl. De l'Esprit de Lois II, 4: „Les Anglais, pour favoriser la liberté, ont ôté toutes les puissances intermédiaires qui formaient leur monarchie. Ils ont bien raison de conserver cette liberté; s'ils vernaient à la perdre, ils seraient un des peuples les plus esclaves de la terre."

geschichtlichen Anschauung, die in dem Frankreichbilde der „Reflections“ aufgegangen ist. Denn Frankreich und England entstammen für ihn dem gleichen historischen Mutterboden. Sie sind gewissermaßen zwei verschiedene Abwandlungen eines Urtypus, der in beiden fortlebt – trotz des langen Weges, der sie inzwischen auseinandergeführt hat. Auch hier wäre man zunächst versucht, nach den Spuren Montesquieus zu fahnden, der ja gleichfalls die französische Monarchie und die englische Verfassung einer gemeinsamen Wurzel erwachsen sah. So wie das „beau système“ der Engländer „in den germanischen Wäldern gefunden wurde“, so hat sich die feudale Hierarchie Frankreichs aus dem Lehnsverband seiner germanischen Eroberer entwickelt.[104]. Und zweifellos hat Burke Montesquieus „Germanenthese“ gekannt und studiert, die schon im „Abridgment“ erörtert wird und in England selbst zahlreiche, Burke wohlbekannte Wegbereiter hatte[105]. Aber in den „Reflections“ gewinnt das gemeinsame Erbe der beiden großen Nationen eine über Montesquieu weit hinausreichende Bedeutung. Es bleibt hier nicht beschränkt auf den im Dunkel der Frühzeit verborgenen Zusammenhang von Institutionen und Rechtsvorstellungen, sondern erstreckt sich auf den Gesamtbereich geistig-kultureller Wertbegriffe und Wechselbeziehungen, die England und Frankreich im Lauf der Jahrhunderte verbunden haben. Hier liegt der Sinn von „our common heritage“, das Burke durch die Revolution bedroht sieht – gerade weil Frankreich den reicheren und differenzierteren Beitrag dazu geleistet hat und in dem Austauschverhältnis der beiden Nationen einen Führungsanspruch besitzt als „Gentis incunabula nostrae“.

Man muß diesen übergreifenden Zusammenhang beachten, in dem Burke die beiden Staaten erscheinen, um die Art seiner Vergleiche zwischen England und Frankreich voll zu verstehen. Er hat die nationalen Unterschiede keineswegs verkleinert, sie im Gegenteil oft sehr deutlich hervorgehoben – aber sie gehen auf in einer höheren Einheit, die nicht nur in den Traditionen und Einrichtungen der beiden Länder, sondern auch in ihrem gesellschaftlichen Aufbau weiterwirkt. Was Burke in Frankreich erlebt und in den „Reflections“ beschrieben hat, war nicht der Kontrast, sondern im Grunde

[104] Vgl. De l'Esprit des Lois XI, 6.

[105] Vgl. *E. Hölzle,* Die Idee einer altgermanischen Freiheit vor *Montesquieu,* 1925, und die oben S. 14 Anm. 23 zitierte Dissertation von *P. Buchloh.* Daß *Burke* auch die ‚romanistische‘ Gegenthese gekannt hat, läßt sich vermuten, denn in seiner Bibliothek befand sich der ‚Abrégé chronologique de l'Histoire de France‘ von *Hénault* – sowohl im frz. Original wie in englischer Übersetzung –, der ganz im Banne der Geschichtsauffassung des Abbé *Dubos* steht.

nur eine Schattierung der vertrauten englischen Umwelt. Sie spiegelt sich ihm fast in allen Bereichen des alten Frankreich, die er in seiner Hauptschrift durchmustert, und gibt seinen Beobachtungen erst Farbe und Anschaulichkeit.

Auch in Frankreich begegnet er einer aristokratischen „ruling class“, die sich von der heimischen höchstens vorteilhaft durch feinere Gesittung und gefälligere Formen unterscheidet. Es entgeht ihm nicht, daß sie viel stärker abgestuft ist als die englische. Reichtum und Vermögen haben in Frankreich noch nicht das selbstverständliche soziale Ansehen, das sie — wie in England – in jedem geordneten Staat genießen sollten. Die alte Aristokratie der Geburt und die neue Aristokratie des Besitzes sind in Frankreich zu scharf getrennt. Aber auch hierin sieht er weniger einen strukturellen Unterschied der englischen und französischen Gesellschaft als ein konventionelles Vorurteil, das sich durch das Zusammenleben der Stände in einer parlamentarischen Vertretung – „in which the commons had their share of power“ – von selbst korrigieren würde[106].

Von allen Ständen des alten Frankreich hat Burke dem hohen Klerus das meiste Interesse und die größte Sympathie entgegengebracht. Wie nirgends sonst konnte er sich hier auf persönliche Erfahrungen stützen. Aber auch er wird auf dem Hintergrunde der heimischen Kirchenverfassung gesehen. Hier wie dort ist es ein königliches Patronatsrecht, das das institutionelle Rückgrat der Kirche bildet, wenn es auch in Frankreich den hohen Adel viel stärker begünstigt als in England. Hier wie dort wird sie getragen von einer Schicht mit hohem intellektuellem Durchschnittsniveau und weltläufiger Toleranz. Sie zeichnet den französischen Klerus in besonderem Maße aus und steht in denkwürdigem Gegensatz zu dem „atheistischen Fanatismus“ seiner Verfolger. Alles in allem entsteht hier ein Bild des französischen Prälaten, das sich ohne Gewaltsamkeit auch auf die Bischöfe der englischen Staatskirche übertragen ließ. Und es ist überaus charakteristisch für den Anglikaner des 18. Jahrhunderts, der Burke war, daß er die Verwandtschaft der beiden Kirchen in ihren politisch-sozialen Funktionen viel stärker empfunden hat als ihren konfessionellen Gegensatz. Der gallikanische Episkopat ist für ihn in erster Linie Stütze und unentbehrliche Grundlage der Französischen Monarchie und erst in zweiter Linie Glied der universalen katholischen Kirche. Was er durch die Zivilkonstitution des Klerus in Frankreich bedroht sieht, ist nicht die Souveränität der Kirche in ihrem

[106] Works II, 409. Allerdings besteht hier ein innerer Widerspruch zu seiner hohen Bewertung des bürgerlichen „Moneyed interest“. S. unten S. 52 f.

eigenen Lebensbereich – das eigentliche, durch die neue Verfassung aufgeworfene Grundproblem –, sondern ihre staats- und gesellschaftserhaltende Funktion. Die Enteignung des Kirchengutes wird ihm zum weithin sichtbaren Symbol eines neuen konfiskatorischen Prinzips, das alle überlieferten Eigentumsbegriffe zerstören mußte und deshalb auch und gerade eine Gefahr für das protestantische England bedeutete[107].

Neben Adel und Kirche tritt in den „Reflections" die dritte Führungsschicht des alten Frankreich stark in den Hintergrund: die „Noblesse de robe" der Parlamente. Traf Burke doch hier auf eine Eigentümlichkeit des französischen „ancien régime", für die es in keinem anderen Staate eine Analogie gab und die sich nicht durch Hinweise auf vergleichbare englische Einrichtungen erläutern und bestimmen ließ. Sein Urteil wirkt denn auch etwas zwiespältig und unentschieden. Die Hauptstärke der Parlamente erkennt er richtig in ihrer Unabhängigkeit, gegründet auf stolzen Korpsgeist und den Besitzcharakter ihrer Ämter, dessen fragwürdiger Ursprung – die von Burke sonst kritisierte Käuflichkeit – ihm bis zu einem gewissen Grade gerechtfertigt erscheint. Vom König ernannt, stehen ihre Amtsträger doch außerhalb seines Machtbereichs. Sie verkörpern die Majestät eines Rechtsgedankens, der sich über den Staat erhebt und dem sich die absolute Gewalt der Krone immer wieder beugen mußte. Sie sind das feste Bollwerk und die Bewahrer einer Tradition, in der die Erinnerung an die alte „Verfassung" wacherhalten bleibt. Auf der anderen Seite aber erkennt er ihre Reformbedürftigkeit und ihre Schwächen, obwohl er darauf verzichtet, sie im einzelnen anzuführen und höchstens in allgemeinen Wendungen von dem „Parteigeist" der Parlamente spricht. Nur an einer Stelle der „Reflections" wird ziemlich unvermittelt sichtbar, was die Parlamente in Burkes Augen wirklich belastet: es ist ihre Mitverantwortung „für den Ruin, der über ihren Souverän und ihr Land" gekommen ist[108]. Er hat den Anteil der parlamentarischen Opposition am Sturz der Monarchie zumindest undeutlich gefühlt, wenn ihm auch die „Revolte der Privilegierten" in ihrer vollen Bedeutung als Einleitungsphase der Revolution niemals aufgegangen ist. Und sie konnte es nicht, weil er zutiefst von der Überzeugung durchdrungen war, daß die eigentlichen Urheber der Revolution nur außerhalb des ständisch-korporativen Zusammenhangs der alten Monarchie zu suchen waren.

[107] Vgl. Works II, 425: „It is not the confiscation of our church property from this example in France that I dread, though I think this would be no trifling evil. The great source of my solicitude is, lest it should ever be considered in England as the policy of a state to seek a resource in confiscations of any kind."

[108] Vgl. Works II, 311 f.

Wir berühren damit die problematischste Seite der „Reflections", auf der sowohl ihre historiographische Schwäche wie ihre ungeheure politische Stoßkraft beruht. Es ist Burkes berühmte „Verschwörungsthese", d. h. die Deutung der Revolution als bewußt herbeigeführtes Ergebnis eines Komplotts antichristlicher – und was für Burke dasselbe ist: – antisozialer Intellektueller. Um sie zu begreifen, muß man sich zunächst vor Augen halten, was über dem hohen gedanklichen und schriftstellerischen Niveau der „Reflections" oft übersehen wird: daß sie keine geschichtsphilosophische Betrachtung, sondern eine politische Kampfschrift waren, die nicht historische Kausalitäten klären, sondern politische Instinkte wachrütteln wollte. Sie hätten ihr agitatorisches Ziel wohl niemals erreicht, wenn Burke den Ursprung der Revolution nicht auf bestimmte individuelle Verantwortlichkeiten zurückgeführt hätte, die den von ihm angerufenen Gegenkräften eine deutliche Zielscheibe boten. Eine Erklärung des gewaltigen Umsturzes, die darin nicht den Ausfluß menschlichen Wollens und Planens gesehen hätte, wäre nicht nur für Burke selbst, sondern auch für seine Leser schlechthin unbegreiflich gewesen. Sie hätte nicht nur ihre Einsicht in die faktischen Zusammenhänge, sondern auch ihr Verständnis für die überpersönlichen Antriebe geschichtlichen Lebens weit überfordert.

Daß es gerade die französischen „Philosophen" waren, die Burke zu Hauptschuldigen der Revolution gestempelt hat, wird niemand wundernehmen, der seine Auseinandersetzung mit den herrschenden Zeitideen von ihren frühen Anfängen an verfolgt. Er befand sich damit aber auch weithin im Einklang mit jener in England schon lange vor der Revolution erkennbaren antiaufklärerischen Strömung, die den „Reflections" erst den Boden bereitet hat[109]. Der Gedanke eines wohlersonnenen und systematisch vorwärtsgetriebenen literarischen Komplotts gegen die Religion und damit gegen Kirche und Staat war für die Zeitgenossen nicht so phantastisch, wie er sich heute ausnimmt. Er war gewissermaßen nur die letzte und radikalste Folgerung, die sich aus einer weitverbreiteten Vorstellung von „French Philosophy" ergab und die durch das Bekenntnis der Revolution zu ihren geistigen Vätern eindrucksvoll bestätigt wurde. Sie ist auch keineswegs von Burke allein gezogen worden, und welche Überzeugungskraft sie für die Zeitgenossen besaß, läßt sich gerade an der publizistischen Wirkung der literarisch schwächeren Nachfolger und Nachahmer ablesen, die Burke noch zu seinen Lebzeiten gefunden hat. Allen voran die platten Tendenzschriften

[109] S. oben S. 19.

des Abbé Barruel, Burkes erstem Kronzeugen aus Frankreich selbst[110]. Und schließlich muß daran erinnert werden, daß noch keine „konservative“ Deutung der Revolution ganz ohne die „Verschwörungsthese“ ausgekommen ist. Verfeinert und ergänzt durch historische und soziologische Erkenntnismittel, ist sie in wechselnden Formen immer wieder aufgetaucht.

Burkes Zerrbild der französischen Aufklärung ist also nicht freie Erfindung. Es erwächst auf einem weiteren geistesgeschichtlichen Hintergrund, der nicht immer beachtet worden ist. Zugleich aber steht es in einem inneren und höchst eigenartigen Bezug zu seiner Gesamtanschauung des alten Frankreich. Gewiß repräsentiert darin die Aufklärung das ihm fremdeste und gegensätzlichste Element, die stärkste Abweichung von der Frankreich sonst so verwandten englischen Welt. Aber sie ist trotzdem nicht gleichsam von außen her wie ein voluntaristisches böses Prinzip in die festgefügten Ordnungen der französischen Monarchie eingebrochen. Sie verkörpert vielmehr gewisse Tendenzen, die Burke in der eigentümlichen Gesellschaftsstruktur des französischen „ancien régime“ selbst angelegt sieht. Wie wir meinen, liegt hier das Bemerkenswerte an Burkes Analyse der großen philosophisch-literarischen Bewegung des Jahrhunderts. Mag er sie als geistigen Vorgang noch so mißdeutet haben – die materiellen Grundlagen ihrer Entfaltung hat er mit erstaunlichem Scharfblick erfaßt und dafür eine soziologische Erklärung gefunden, in der bereits Erkenntnisse der modernen Forschung vorweggenommen erscheinen.

Die tiefste historische Wurzel dieser „literary cabal“ erblickt Burke in der scharfen Trennung von adligem Grundbesitz und bürgerlichem Geldkapital – jenem „landed“ und „moneyed interest“, die er in England verschmolzen sah. Der faktischen Bedeutung des wachsenden bürgerlichen Reichtums entspricht in Frankreich weder sein politischer Einfluß noch seine soziale Geltung. Er gerät dadurch in einen naturnotwendigen Gegensatz zu den alten höfisch-aristokratischen Führungsschichten, die sich von den wirtschaftlichen Lebensinteressen der Nation abgesondert haben und dem Aufstieg des Bürgertums überall hemmend entgegenwirken. Sein Anspruch auf den ihm vorenthaltenen Platz in Staat und Gesellschaft findet nirgends sichtbareren Ausdruck als in dem Aufkommen eines neuen

[110] Vor allem seine „Histoire du clergé pendant la Révolution française“, 2. Aufl. London 1794 und später seine „Mémoires pour servir à l'histoire du jacobinisme“, 1797. Entwürfe zu zwei Schreiben *Burkes* an *Barruel* vom 1. u. 16. Mai 1797 befinden sich in den Sheffield MSS. Über *Barruel* vgl. *F. Baldensperger*, Le mouvement des idées dans l'Emigration française, 1924, II, S. 20 ff. Und die eindringende Studie v. *Schilling* „Barruel's Memoirs“ im 13. Kapitel seines „Conservative England“, S. 248 ff.

Schriftstellertypus, den Burke die „political men of letters“ nennt. Sie werden zu Exponenten des bürgerlichen Geldinteresses und des erstarkenden bürgerlichen Selbstbewußtseins, das wiederum für den Literatenberuf ganz neuartige soziale Bedingtheiten schafft. Unter den Nachfolgern Ludwig XIV. hat der Hof seine alte Bedeutung als Sammelpunkt aller künstlerisch-literarischen Bestrebungen eingebüßt. Seine Nachfolge hat im 18. Jahrhundert das lesende Publikum angetreten. Es löst den Schriftsteller aus der isolierenden Abhängigkeit von der Gunst fürstlicher Mäzene und eröffnet ihm neue ungeahnte Wirkungsmöglichkeiten. Die Schriftsteller werden zu einem Stand im Staate – „a sort of incorporation of their own“ [111] –, die Literatur zu einer Bewegung von parteimäßiger Geschlossenheit, mit programmatisch formulierten Zielen und festen organisatorischen Mittelpunkten, wie den beiden Akademien und dem großen Kollektivunternehmen der Enzyklopädie.

Wir sehen, Burke hat hier einige Wesenszüge der französischen Aufklärung durchaus richtig erkannt: ihren engen Zusammenhang mit dem bürgerlichen Emanzipationsstreben des 18. Jahrhunderts, dessen materielle Antriebe er freilich überschätzt und das er nur durch den viel zu engen Begriff des „moneyed interest“ umschreiben kann –, den ihr eigentümlichen Kollektivcharakter, das sie tragende schriftstellerische Solidaritätsgefühl und ihre Entstehung aus dem Zerfall der Hofkultur des „grand siècle“.

So zeigt sich selbst an diesem, vom Standpunkt der historischen Kritik fragwürdigsten Teil der „Reflections“ ein aufdämmerndes geschichtliches Verständnis. Ein Verständnis, das dort am fruchtbarsten werden konnte, wo es in Burkes Tatsachensinn seine beste Stütze fand: bei der Beobachtung einer bestimmten sozialen und ökonomischen Wirklichkeit. Die überraschenden historischen Einsichten der „Reflections“ liegen denn auch auf diesem Gebiet. Sie sind für Burkes Frankreichbild ebenso bezeichnend wie sein vielzitierter Grabgesang auf das „Age of Chivalry“, die Verschwörungsthese und seine Konstruktion einer „ursprünglichen“ französischen Verfassung. Sie besitzen zumindest den subjektiven Wahrheitsgehalt persönlicher Anschauung und Erfahrung. Sie sind darüber hinaus das Ergebnis einer wohl einseitigen und zweckbestimmten, aber recht umfangreichen Unterrichtung, die sich nach dem Erscheinen der „Reflections“ noch beträchtlich erweitert hat.

[111] Vgl. Works II, 382.

V

Es liegt eine seltsame Symbolik in dem Umstand, daß der erste Franzose, dem die „Reflections“ zu Gesicht kamen, der letzte Reformminister des „ancien régime“ gewesen ist: Charles Alexandre de Calonne, der schon 1787 als Vorbote der Revolution nach England geflüchtet war und den langen Reigen der französischen Emigranten eröffnet. Sein in England entstandenes Buch „De l'Etat de la France, présent et à venir“ war unmittelbar vor den „Reflections“ erschienen, und Burke hat ihm noch am gleichen Tage, an dem er es erhielt, eins der ersten Exemplare seines vor der Auslieferung stehenden „Little Writing“ zugesagt [112]. Ob und wie es auf Calonne gewirkt hat, wissen wir nicht, denn das wortreiche Dankschreiben, mit dem der vielgeschäftige Minister ein volles Jahr später den Empfang der „Reflections“ bestätigte, ergeht sich nur in unverbindlichen Elogen über ihre literarischen und stilistischen Vorzüge [113]. Um so besser läßt sich der Eindruck abschätzen, den sein eignes Buch auf Burke gemacht hat – gehört es doch zu den Hauptquellen, die in den späteren Auflagen der „Reflections“ und seinen anderen Revolutionsschriften aufgegangen sind.

Worauf beruhte das starke Interesse, das Burke dem „Etat de la France“ entgegenbrachte? Diese Frage erscheint schon deswegen berechtigt, weil Calonne eine Burke in keiner Weise kongeniale Persönlichkeit gewesen ist. Seiner geistigen und politischen Herkunft nach verkörpert er sogar den denkbar größten Gegensatz zu dem Autor der „Reflections“. War doch der letzte Vertreter autoritärer Regierungskunst im alten Frankreich gerade den Kräften erlegen, in denen Burke die natürliche Grundlage einer konstitutionellen Fortentwicklung der französischen Monarchie erblicken wollte. Wie man Calonnes verspätetes und daher mißglücktes Reformprogramm auch beurteilen mag – sein egalitärer Grundzug ist unverkennbar. Weil er die überlieferten Vorrechte von Adel und Klerus anzutasten wagte, wurde Calonne mit Mißtrauen verfolgt und aus dem Dienst gedrängt. Und vielleicht ist die Wurzel seines Hasses gegen die Revolution einfach darin zu suchen, daß diese im Kampf mit dem Königtum erreichte, was er im Bunde mit der Krone vergeblich erstrebt hatte: die fiskalische und administrative Einheit auf Kosten der Privilegierten. Sicherlich hat das Trauma des an seiner

[112] Am 25. Oktober 1790. Das in den Sheffield MSS befindliche Konzept von *Burkes* Schreiben ist am 10. Jan. 1929 v. *Chr. de Parrel* im ‚Times Literary Supplement‘ nach dem Original in den Calonne Papers im Public Record Office veröffentlicht worden.

[113] Am 9. Febr. 1791 aus Venedig, Sheffield MSS. Vgl. *Chr. de Parrel*, ‚Une Correspondence inédite de *Burke* et de Calonne‘, „Figaro“, Supplément littéraire v. 26. Jan. 1929.

Aufgabe gescheiterten Staatsmannes in dem Publizisten Calonne immer nachgewirkt[114]. Daneben aber hat sich aus taktischen Rücksichten und unter dem Eindruck der Zeitlage eine mehrmalige Umbildung seiner Anschauungen vollzogen. Er erkannte, daß nach seinem Sturz Frankreich für den Absolutismus unwiederbringlich verloren war und hat daher selbst Ludwig XVI. in einer Flugschrift geraten, die nun unvermeidlich gewordene Umwandlung Frankreichs zur konstitutionellen Monarchie zu vollziehen und durch ein verfassungsmäßiges Gleichgewicht zwischen dem dritten und den beiden privilegierten Ständen möglichst reibungslos zu gestalten[115]. Wie alle konservativen, am englischen Vorbild orientierten Verfassungsprojekte der Epoche wurde auch dieses durch den stürmischen Schritt der Revolution überholt. Der von den Privilegierten gestürzte, vom Hof ins Exil geschickte Minister sieht nun auch den zur Nation erhobenen dritten Stand eine Bahn beschreiten, die weit über das Ziel hinauswies, das er ihm gesetzt wissen wollte. Aus dieser Situation ist seine Schrift „De l'Etat de la France" entstanden. Aber als sie erschien, hatte sich Calonne schon längst der höfisch-aristokratischen Gegenrevolution verschrieben und war damit in eine dritte Phase seiner politischen Entwicklung eingetreten, die ihn von den Grundgedanken seines Buches immer weiter wegführen mußte[116]. Und es erscheint mehr als fraglich, ob es im Herbst 1790 noch seine wahre Ansicht wiedergab. Jedenfalls ist der „Etat de la France" keineswegs eine flammende Kampfansage an die Revolution. Er erkennt die Notwendigkeit einer inneren Umgestaltung der französischen Monarchie durchaus an und vertritt nichts weniger als den Gedanken einer Restauration des Absolutismus. Er sieht in der Einberufung

[114] Vgl. hierzu die neueste u. soweit ich sehe gründlichste Untersuchung seines Reformplans v. *A. Goodwin*, „Calonne, the Assembly of French Notables of 1787 and the Origins of the ‚Révolte Nobiliaire'", EHR 61 (1946). Diese Arbeit hat das ältere, von *Glagau* und *Renouvin* bereits erschütterte Bild Calonnes als eines frivolen Charlatans endgültig bereinigt. Leider fehlt es noch immer an einer wissenschaftlichen Biographie Calonnes, die sein Exil in England und sein Wirken im Dienste der Gegenrevolution kritisch beleuchtet. Das Buch v. *P. Jolly*, Calonne 1734 à 1802, Paris 1949 ist belletristisch. Die verdienstvolle Arbeit v. *Chr. F. de Parrel*, Les Papiers de Calonne. Documents inédits pour servir à l'histoire de la contre-révolution. I. Les Finances des Princes en 1790, 1791, 1792, Cavaillon, 1932, behandelt nur seine finanziellen Transaktionen als Minister der Emigration.

[115] In seiner ‚Lettre au Roi' v. 9. Febr. 1789. Vgl. die Analyse bei *Carcassonne*, a. a. O., S. 607 f.

[116] Daß der ‚Etat de la France' gar nicht in das Konzept der Emigrantenpolitik paßte, ist schon den Zeitgenossen aufgefallen: „Voyant qu'il ne pouvait accepter par les princes tous les projets exposés dans son écrit, il se remontra aussi purement monarchique qu'il l'était peu dans divers articles essentiels de ce livre." Mémoires du Marquis de *Bombelles*, zitiert nach *E. Vingtrinier*, La Contre-Révolution, 1ère période, 1789–1791, Paris 1924/25, II, S. 101.

der Generalstände den legalen Ansatz für eine konstitutionelle Fortbildung Frankreichs und gipfelt daher in dem unrealistischen, aber immerhin von Kompromißbereitschaft zeugenden Vorschlag, den in den „Cahiers“ ausgedrückten Mehrheitswillen der Nation zur Richtschnur der Verfassung zu machen und nur alle darüber hinausgehenden Beschlüsse der Nationalversammlung zurückzunehmen. Ihr gesetzgeberisches Werk selbst wird dann allerdings einem vernichtenden Gesamturteil unterworfen, das manche Berührungspunkte mit den „Reflections“ aufweist. Auch Calonne bekennt sich zu der großen Tradition Montesquieus [117], auch er verwirft „abstrakte Prinzipien“ als Ausgangspunkt einer Neuordnung Frankreichs, auch er sieht es der staatlichen Auflösung entgegengehen [118] und verteidigt die englische Verfassung gegen ihre gedankenlosen französischen Nachahmer. Der Erkenntniswert der Schrift für Burke beruhte aber nicht auf solchen gedanklichen Übereinstimmungen. Er hat sie selbst nicht eben hoch veranschlagt und sich nachdrücklich von dem naiven – oder vorgetäuschten – Optimismus distanziert, mit dem Calonne das revolutionäre Frankreich zur Selbstbescheidung auf ein „gerechtes Maß von Freiheit“ zu bewegen hoffte. Burke hat das seltsam Künstliche und Wirklichkeitsfremde dieser Überlegungen deutlich gespürt, die sich der Wucht des Revolutionsgeschehens mit dem papierenen Argument der Legalität entgegenstellten [119]. Was ihm dagegen Calonnes Buch so wertvoll machte, war die reiche Fülle von Material, mit der er seine eigene Ansicht von der Finanzwirtschaft der Constituante unterstützte und ergänzte. Die Sachkunde des ehemaligen Generalkontrolleurs wird ihm zum Gradmesser für die zerstörende Kraft des neuen bürgerlichen „moneyed interest“, das er in der Besitzordnung der Revolution und ihrem finanzpolitischen Instrument – den Assignaten – am Werke sah.

[117] „De l'Etat de France“, Londres 1790, S. 145, 245 f.

[118] ebenda, S. 363. Frankreich erscheint ihm hier als eine Föderation von 83 souveränen Staaten. Vgl. hierzu Reflections: „It is this resolution, to break their country into separate republics, which has driven them into the greatest number of their difficulties and contradictions.“ Works II, 457.

[119] Vgl. Brief an *Jon Trevor* v. Jan. 1791: „I have a very high opinion of Mons. de *Calonne*. His book, upon the whole, must do great service. I wish, indeed, that he had hinted less about arrangements to be made in consequence of success. He speaks as if commissaries had been appointed to settle these differences. But I conceive things are very far from such a state. The matters he proposes will never be understood by the seduced common people; and, as to the leaders, he must think much better of their moderation than I do, if he thinks that any thing but their present dominion will serve them. Theoretic plans of constitution have been the bane of France; and I am satisfied that nothing can possibly do it any real service, but to establish it upon all its ancient bases. Till that is done, one man's speculation will appear as good as another's.“ Corr. III, 185 f.

Durch die Gleichzeitigkeit ihres Erscheinens hat sich in den Augen der Zeitgenossen zwischen den „Reflections" und dem „Etat de la France" ein Zusammenhang hergestellt, der in Wirklichkeit gar nicht bestand. Und es ist bemerkenswert, daß dieser Umstand sogar eine offiziöse englische Demarche in Paris ausgelöst hat, die allen Kombinationen über eine mögliche Verbindung zwischen der englischen Regierung, dem berühmten Wortführer der Opposition und dem Minister der französischen Emigration zuvorkommen sollte. Schon in den ersten Novembertagen hat Hugh Elliot, Pitts Pariser Agent, in zwei Briefen an Mirabeau und den Vicomte de Noailles die beiden Schriften desavouiert; das englische Buch erscheint dabei als Produkt einer krankhaften, in Greuelbildern schwelgenden Phantasie [120]. Die erste Reaktion auf die „Reflections" ist also in der diplomatischen Sphäre entstanden. Die früheste französische Entgegnung aber stammt aus der Feder des Mannes, an den sie gerichtet waren. Am 6. Dezember 1790 hat de Pont in einem langen und erfrischend undogmatischen Brief an Burke dazu Stellung genommen und das Lebensrecht der Revolution verteidigt [121]. Vor manchen späteren Kritikern der „Reflections" zeichnet de Pont sich dadurch aus, daß er den eigentlichen Grund für Burkes unversöhnlichen Gegensatz zur Revolution dort sucht, wo er wirklich zu finden war: in dem aristokratischen Freiheitsbegriff des Engländers und dem egalitären der Revolution. Diese Erkenntnis erschloß ihm nicht nur das stärkste und letztlich metapolitische Motiv von Burkes antirevolutionärer Haltung – sie ermöglichte ihm auch, in der historischen englischen und der neuen französischen Verfassung zwei wesensverschiedene und im Grunde unvergleichbare, aber gerade deshalb nebeneinander denkbare Formen freiheitlicher Regierungsweise zu sehen. Und schließlich gewann er von hier aus den überlegenen Blick für die beiden entscheidenden Schwächen, die Burkes Argumentation in französischen Augen anhaften mußte. Die eine hat Burke selbst deutlich gefühlt und gelegentlich sogar zugegeben: es ist der innerenglische Gesichtspunkt, unter dem sich ihm

[120] Am 5. November 1790. Abschriften sind erhalten in den *Pitt*-Papers der Cambrigde University Library – Add 6958 (3). Das Motiv der Briefe wird klar ersichtlich aus einem ebenda in Abschrift erhaltenen Schreiben *Elliots* an *Pitt* v. 6. Nov.: „I had two principal objects in view in writing these letters and which I trust you will approve of: the first to keep the door open for further communications through their *(Noailles* and *Mirabeau)* channels, should such communications be still deemed expedient. The second, to treat *Burke* and his book with that degree of levity, which I believe the best means of preventing Government here from being harrassed with formal applications from the French Court . ." Über den Hintergrund der Mission *Hugh Elliots* vgl. *J. Holland Rose*, Life of *William Pitt*, London 1923, I, 579 ff.

[121] In engl. Übersetzung gedr. b. *H. V. F. Somerset*, a. a. O., S. 175 ff.

die große politische Umwälzung des Nachbarlandes darstellt. Die andere dagegen ist Burke niemals aufgegangen: die Unklarheit, in der er sich über den eigentlichen Beginn der Revolution befand. Er verkannte, daß die Einberufung der Generalstände – der Form nach ein legaler Akt – bereits das Ergebnis eines revolutionären Vorganges war, dessen Tragweite de Pont richtig gedeutet hat[122].

Dieser Brief beendet die lange und so überaus folgenreiche Korrespondenz zwischen Burke und dem „very young gentleman". Jedenfalls finden sich keine Spuren einer Antwort mehr, die Burke wohl bei einem so entschiedenen Anhänger der Revolution zwecklos erscheinen mochte[123]. Dagegen hat die Zuschrift eines anderen französischen Lesers so nachhaltigen Eindruck auf ihn gemacht, daß seine Antwort sich zu einem kleinen Buch auswuchs; es ist als „Letter to a Member of the National Assembly" in sein Gesamtwerk eingegangen. Der Brief selbst, der diese Antwort hervorgerufen hat, galt lange als verloren und ist jetzt bei der Bestandsaufnahme der Sheffield Manuscripts entdeckt worden. Erst sein voller Wortlaut erschließt sowohl das Motiv des Schreibers wie den Sinn von Burkes Entgegnung in aller Deutlichkeit[124]. Ihr Empfänger, Tibault de Menonville, ehemaliger Maréchal de Camp und Deputierter des Adels von St. Dié zu den Generalständen[125] gehörte zu der kleinen Gruppe der oppositionellen Rechten, die auch nach dem 6. Oktober in der Nationalversammlung ausharrte. Sein Brief vom 17. November 1790 bezeichnet den Versuch, diesen Kreis gegen Burkes Verdikt über die Nationalversammlung als eines „gang of assassins" in Schutz zu nehmen und ihn gleichzeitig von anderen echten oder vermeintlichen Elementen des Widerstandes abzugrenzen: hauptsächlich den sogenannten „Gemäßigten" oder „Monarchiens", die, ursprünglich glühende „Patrioten", sich von der

[122] Ebenda, S. 177: „I have been trying so far to show you, Monsieur, that if the French Revolution only began for you when the London clubs and Dr. Price became aware of it, it began for us at a far remote period. Its origin must be sought before the States General assembled, and the most numerous, most miserable, most oppressed portion of the nation had expressed the desire to ‚vote by head' in very different documents from those in which you saw only a wish to reform a few abuses."

[123] Vielleicht war er auch verstimmt, daß *de Pont* seinen Brief v. 6. Dezember mit einigen leichten Änderungen drucken ließ. Er erschien 1791 in London unter dem Titel ‚Answer to the Reflections of the Right Hon. *Edmund Burke* by *M. Depont*'. Je ein Exemplar befindet sich noch in der Bodleian und der Yale Library. Vgl. *Somerset,* a. a. O., S. 171, Anm. 7.

[124] Sein vermutlicher Inhalt ließ sich nur aus dem Gedankengang von *Burkes* Schrift ungefähr rekonstruieren, was *Copeland,* a. a. O., S. 217 ff. mit Erfolg versucht hat.

[125] Biographische Angaben über ihn bei *P. Mantoux,* „A qui furent adressées les ‚Réflexions sur la Révolution française' de *Burke*", La Révolution française 85 (1932), S. 13 f.

Revolution getrennt oder – wie Lally-Tollendal und Mounier – den Weg in die Emigration genommen hatten. Daß Burke beiden in einer Fußnote der „Reflections" ein Denkmal gesetzt und sie als Männer „of honour and virtue" aus der Zahl der übrigen Abgeordneten herausgehoben hatte [126], bot de Menonville Veranlassung, auf die – wie er meinte – verdienstvollere Haltung der Männer der Rechten hinzuweisen, die lieber auf verlorenem Posten blieben, als den bequemen Ausweg der Flucht zu ergreifen. Er konnte sich dabei auf die Tatsache berufen, daß Mounier und Lally-Tollendal nur Opfer einer Entwicklung geworden waren, die sie selbst mitverschuldet hatten, während de Menonville und die kleine Schar der ihm Gleichgesinnten „have always stood to their ground of loyalty and never will depart from it".

De Menonvilles Brief hat Burke in einigen Punkten überzeugt und sogar zu einer gewissen Modifizierung seines harten Urteils über die Mitglieder der Nationalversammlung bewogen, die in die späteren Auflagen der „Reflections" eingegangen ist [127]. Aber trotzdem muß seine Antwort im ganzen eine furchtbare Enttäuschung für de Menonville gewesen sein. Denn in dem entscheidenden Punkt, wo er die moralische Unterstützung des bewunderten Autors der „Reflections" erwartete, versagte sich Burke. Ist doch die „Letter to a Member of the National Assembly" ein einziges großes Nein zu der von de Menonville angedeuteten Möglichkeit, der isolierten Rechtsopposition publizistisch den Rücken zu stärken und sie als Kern einer innerfranzösischen Restaurationsbewegung anzusehen. Das war es, was de Menonville erhoffte, wenn er in seinem Brief den Schatten des Generals Monk beschwor und in einem Postskript um die Erlaubnis bat, Burkes Antwort zu veröffentlichen [128]. Das hat ihm Burke zwar gern gestattet, gleichzeitig aber keinen Zweifel daran gelassen, daß er eine innere Wendung der französischen Dinge für ausgeschlossen und daher jeden Plan oder Ratschlag in dieser Richtung für sinnlos hielt. Nur wer das dem Untergang geweihte Land verließ, handelte in seinen Augen folgerichtig und diente damit der Sache Frankreichs, dessen Schicksal – wenn überhaupt – nur noch von außen gewandt werden konnte. Hier liegt der eigentliche, über die „Reflections" hinausweisende Sinn der „Letter" [129]. Sie ist der Auftakt einer bedeutsamen Fortentwicklung in Burkes

[126] Works II, 346.

[127] Vgl. Originalausgabe S. 100 u. die spätere Fassung v. d. 3. Aufl. ab (Works II, 340).

[128] In der Tat ist sie im Mai 1791 in französischer Übersetzung erschienen. Vgl. *Copeland*, a. a. O., S. 215.

[129] In einem Brief an den Chevalier *de la Bintinnaye* v. März 1791 hat er selbst den Zweck der ‚Letter' so bezeichnet: „... to show, from the actual state of France, the utter impossibility of a counter-revolution from any internal cause." Corr. III, 203.

Verhältnis zur Revolution: des Übergangs von der Abwehr zum Angriff, vom publizistischen zum aktiv-politischen Kampf gegen das revolutionäre Frankreich. Der in der „Letter" bereits keimhaft enthaltene Interventionsgedanke wird fortan im Zentrum seiner Hoffnungen und Entwürfe stehen. Er hat ihn zwangsläufig mit den Protagonisten der Gegenrevolution zusammengeführt und in die undankbarste Rolle gedrängt, die ihm je zugefallen ist: die des Beschützers und Gehilfen der französischen Emigranten. Burke hat ihr ein Übermaß an Zeit, Arbeitskraft und Energien geopfert und dafür aufs Ganze gesehen nur menschliche Enttäuschungen und politische Mißerfolge geerntet. Für Zeitgenossen und Nachwelt aber haben sich gerade hier die Grenzen seines Urteilsvermögens überzeugend enthüllt.

Mit dem üblichen Hinweis auf Burkes Mangel an politischem Augenmaß ist seine eigentümliche Bindung an die französische Emigration noch nicht hinreichend erklärt. Sie wird erst voll verständlich, wenn man auch ihre menschlich-psychologischen Wurzeln ins Auge faßt. Ist sie doch zunächst den Verpflichtungen erwachsen, die der Autorenruhm der „Reflections" Burke auferlegte. Er hat ihn gewissermaßen zum geistigen Vorkämpfer aller Revolutionsgegner prädestiniert – noch bevor sich ein wachsender Strom von Flüchtlingen nach England ergoß. Konnten die „Reflections" in der englischen Originalfassung nur wenige erreichen, die – wie Calonne – schon in England lebten oder – wie de Menonville – englisch lasen und schrieben, so eröffnete Duponts Übersetzung das Buch dem französischen Publikum. Sie ist keine vier Wochen nach der englischen Ausgabe in Paris erschienen und war trotz ihrer bald erkannten und vielgerügten Schwächen ein großer buchhändlerischer Erfolg [130]. Seine Resonanz zeigt sich in dem plötzlichen Anschwellen

[130] Vgl. hierzu die wichtige Teilveröffentlichung aus den Lamport Hall MSS v. *Hans A. Schmitt* u. *John C. Weston* „Ten Letters to *Edmund Burke* from the French Translator of the ‚Reflections'", The Journal of Modern History 24 u. 25 (1952 u. 1953). *Pierre Gaeton Dupont,* der bislang mit *de Pont* verwechselte Übersetzer, war wie dieser Parlamentsrat und machte *Burkes* Bekanntschaft auf einer Studienreise, die ihn 1789 nach England führte. Er hat die Übersetzung noch in England begonnen und ist erst im November 1790 nach Paris zurückgekehrt. Bereits in den ersten drei Tagen nach ihrem Erscheinen wurden 2500 Exemplare der Übersetzung verkauft. Seine Briefe an *Burke* enthalten außerordentliche lebendige Beschreibungen der wechselnden innenpolitischen Szene aus der Sicht eines erbitterten Revolutionsgegners. *Dupont* ist der Prototyp des verhinderten Emigranten, der nur aus familiären Rücksichten in Frankreich verblieb. Seine Korrespondenz mit *Burke* reicht bis zum August 1791. Ihr einziges bisher bekanntes und veröffentlichtes Stück war *Burkes* langer Brief über Heinrich IV. v. 28. Oct. 1790 (Corr. III, 155 ff.), der durch *Duponts* Kritik an dem, wie er meinte, zu unvorteilhaften Charakterbild „de notre Henry" in den ‚Reflections' hervorgerufen wurde. *Duponts* Brief jetzt bei *Schmitt* und *Weston,* a. a. O., S. 408 f.

von Burkes französischer Korrespondenz. Das Bemerkenswerte an den zahllosen Zuschriften, die Burke damals aus dem aristokratischen Lager in- und außerhalb Frankreichs zugingen, ist nicht der Grundton enthusiastischer Bewunderung. Vielmehr sind es die leisen Vorbehalte, die fast in jeder von ihnen die grundsätzliche Zustimmung begleiten. Sie richten sich jeweils gegen ganz verschiedene Einzelheiten von Burkes Darstellung und reichen von kritischen Anmerkungen bis zu förmlichen Abänderungswünschen. Ihre oft sehr weit auseinandergehenden Wertungsgesichtspunkte sind ein untrügliches Kennzeichen für einen höchst bedeutsamen Tatbestand, der auch Burke nicht verborgen bleiben konnte: die starken inneren Gegensätze und rivalisierenden Tendenzen, die der sogenannte „parti aristocratique" schon bei seiner Bildung umschloß. Schien Burke den einen in seiner Kritik des französischen Absolutismus und seiner ministeriellen Gehilfen zu weit zu gehen[131], so glaubten wieder andere die Parlamente in Schutz nehmen zu müssen[132]. Den einen galt wie Burke selbst Rousseau als Verkörperung aller zur Revolution hinführenden Kräfte, andere wollten ihn gerade aus der Masse der „secte philosophique" herausheben, wie jener Graf von Murat-Montferrand, der Rousseau in einer beredten Apologie von der geistigen Urheberschaft der Revolution und ihrer Begleiterscheinungen zu entlasten sucht[133]. Und diese Betrachtungen sind sehr oft verwoben mit der Stellung der jeweiligen Schreiber zum Problem der „Contre-Révolution". Hochmütige Verachtung der zuerst emigrierten Hocharistokratie für die in Frankreich verbliebenen „Renegaten", das Ringen der durch familiäre oder wirtschaftliche Bande noch in Frankreich Festgehaltenen mit dem letzten schweren Entschluß, der innere Zwiespalt zwischen der Hoffnung auf europäische Intervention und der Furcht vor einer Aufteilung Frankreichs[134], der Widerstreit von Revolutionshaß und Patriotismus, die Unklarheit über die möglichen Ziele einer erfolgreichen Gegenrevolution: integrale Restauration des untergegangenen Regimes oder Errichtung der Monarchie auf neuen konstitutionellen und sozialen Grundlagen – die ganze Fülle der Spannungen und Divergenzen, an denen sich später die Gruppen und Coterien der Emigranten scheiden, wird in diesen Briefen bereits sichtbar.

[131] Wie die Duchesse *de Biron*, die *Burke* zu einer Korrektur seines Urteils über *Choiseul* veranlaßte. Sein Brief vom 20. März 1791 in den Sheffield MSS.

[132] Brief der Comtesse *de Boufflers* v. 23. Mai 1791. Lamport Hall MSS.

[133] Am 21. Juni 1791. Lamport Hall MSS.

[134] Brief des Mitglieds der Nationalversammlung *Bonnay* v. 13. Mai 1791. Lamport Hall MSS.

Für Burke waren sie zunächst eine ergiebige Informationsquelle, die er bereitwillig ausgeschöpft hat, um sein Bild des alten Frankreich zu überprüfen und zu ergänzen. Wie ernst es ihm damit war, beweist ein bisher unbekannter Brief, dessen Konzept erhalten ist[135]. Es handelt sich dabei um einen in 11 Punkte gegliederten Fragebogen, in dem Burke Auskunft über Höhe und Erhebungsart der bäuerlichen Abgaben am Vorabend der Revolution erbittet. Das Dokument zeigt mit aller Deutlichkeit, worüber Burke sich selbst nicht genügend unterrichtet glaubte: die materielle Lage der französischen Bauern, denen die „Reflections" kaum Beachtung geschenkt hatten. Ob er darin nachträglich einen ihrer Mängel erkannt hat, mag dahingestellt bleiben – jedenfalls zeugen seine Fragen von dem tastenden Bemühen, den dort auf Klerus, Adel und Großbürgertum beschränkten Vergleich der französischen und englischen Sozialstruktur auf breitere Schichten auszudehnen. Freilich unter einem bestimmten Gesichtswinkel, den die Richtung seiner Fragen erkennen läßt. Zielen sie doch darauf ab, Argumente dafür zu gewinnen, daß die französischen Feudallasten nicht drückender waren als englische Pachtgefälle und Kirchenzehnten. In den Ausschreitungen der französischen Bauern gegen ihre adligen Grundherren will er keine tieferen ökonomischen und sozialen Gründe, sondern künstlich-böswillige Verhetzung des „common people" am Werke sehen.

Wie so oft bei Burke verbindet sich auch hier ein sachlich-historisches Interesse mit einem bestimmten politischen Zweck, dem er die Korrespondenz mit seinen französischen Lesern dienstbar machen will. Was sie ihm so wertvoll machte, war nicht der Zustrom an Kenntnissen an sich, sondern ihre publizistische Verwendbarkeit. Enthielten sie doch die unmittelbaren und allerpersönlichsten Erfahrungen von Miterlebenden der Revolution und des „ancien régime". Ihr Urteil erschien Burke daher besonders sachkundig und kompetent, aber auch von besonderer Überzeugungskraft für seine englischen Landsleute. Schon früh ist ihm der Gedanke gekommen, die Gründung einer Art von Informationszentrum anzuregen, das unter der Leitung einiger „French Gentlemen" der revolutionären Propaganda und ihrer Gefolgschaft in der englischen Presse entgegentreten sollte[136]. Es hätte Sympathie und Verständnis für die „suffering cause" in England erwecken können und

[135] An Vicomte *de Cicé*, 24. Jan. 1791, Sheffield MSS.

[136] Ebenda: „It may be useful herafter in any systematic proceeding towards disposing the public in this country in your favour, which I wish some French gentlemen here would undertake under the direction of some judicious English." Vgl. auch Brief an Chevalier *de la Bintinnaye* v. März 1791, Corr. III, 205.

gleichzeitig einen Richt- und Sammelpunkt für alle bisherigen und künftigen Emigranten abgegeben, deren politische Ziellosigkeit sich ihm gerade in den Briefen seiner französischen Bewunderer so erschreckend enthüllte.

So sind für Burkes frühe Verbindung mit der französischen Emigration mehrere wohl voneinander abhängige, aber doch verschiedene Momente bestimmend geworden, die zu Beginn des Jahres 1791 gleichzeitig auf ihn einwirkten: seine eigene Hinwendung zum Interventionsgedanken, die schon in der „Letter to a Member of the National Assembly" vollzogen ist, das starke Echo der „Reflections" bei den Kronzeugen des „ancien régime", der von Burke so hoch veranschlagte propagandistische Wert ihrer Informationen, ihr offensichtliches Bedürfnis nach Lenkung und Rat und schließlich rein menschliche Hilfsbereitschaft für die heimatlosen Opfer der Revolution.

Daß Burke dabei zur Parteinahme für den äußeren rechten Flügel der Emigration gedrängt wurde, kann nicht wundernehmen. Einmal, weil er sich hauptsächlich aus den Kreisen rekrutierte, in denen er die vornehmsten und daher bedauernswertesten Opfer der Revolution erblickte: dem hohen Klerus und der Aristokratie. Dann auch, weil er zuerst in seinen Gesichtskreis getreten ist – setzte sich doch wie überall so auch in England der Vortrupp der Emigration aus Angehörigen dieser Schichten zusammen. Vor allem aber, weil er in ihnen die kompromißlosesten und daher vertrauenswürdigsten Feinde der Revolution sah. Ihr Eifer für die „bonne cause" war durch keine Skrupel und Zweifel belastet. Er entfaltete sich ungehemmt von vorausschauender Sorge um die Geschicke Frankreichs. Ihr rückwärtsgewandter Blick erfaßte nicht die Aufgabe, die allein der Emigration politisch-geschichtlichen Sinn gegeben hätte: die Versöhnung des alten und des neuen Frankreich – die Ergänzung des negativen Konzepts der „contre-révolution" durch ein positives Programm der „contre-constitution" [137]. Nicht als ob Burke die Enge ihres politischen Gesichtskreises verborgen geblieben wäre. Er hat sich niemals mit ihrem gedankenlosen Legitimismus identifiziert und niemals das Endziel aus den Augen verloren, das sich für ihn mit dem Kampf gegen die Revolution untrennbar verband: die Wiedergeburt Frankreichs unter einer „freien Verfassung", die sich sowohl von dem demokratischen „system of anarchy" wie dem „monarchical despotism" der Bourbonen unterschied [138].

[137] Vgl. „Mémoires et correspondance de Mallet du Pan", Paris, 1851, I, S. 283 ff.

[138] Corr. III, 348 ff. *Burke* hat hier in einem Brief an seinen Sohn v. 26. Sept. 1791 die Grundlinien einer solchen Verfassung angedeutet, wie sie ihm für Frankreich vorschwebte: ein von den drei Ständen gebildetes Parlament mit Steuerbewilligungsrecht, Ministerverantwortlichkeit, verstärkten Rechtsschutz der privaten Sphäre, Reform der gallikanischen Kirche.

Aber sie war für ihn ein in die Zukunft weisendes, durch den Fortgang der Ereignisse immer ferner gerücktes Ideal, das erst nach dem vollständigen Sieg der Gegenrevolution Wirklichkeit werden konnte. Es schon vorher in ihre Entwürfe einzubeziehen oder auch nur zu erörtern, hieß für Burke das Gebot der Stunde verkennen: die Wiederherstellung der von der Revolution usurpierten monarchischen Gewalt als der unentbehrlichen Rechtsgrundlage, von der jede Neuordnung Frankreichs auszugehen hatte. Nicht, daß er sie ablehnte, sondern daß er sie vertagt wissen wollte, hat ihn an die Seite der Prinzenpartei und der unbedingten Restauration getrieben. Wenn sie ihm auch als Endlösung keineswegs genügen konnte, so sah er darin doch eine unerläßliche Vorbedingung für Frankreichs Wiedereintritt in die europäische Staatengemeinschaft. Hier liegt zugleich der tiefere Grund des wechselseitigen Mißverständnisses, das Burke gerade von den gemäßigten und politisch einsichtigen Emigranten trennte, die wie ein Lally-Tollendal oder ein Malouet um eine Synthese von Monarchie und Volkssouveränität, von Autorität und Freiheit rangen. Burke erschien als müßige Spekulation oder verdächtige Kompromißbereitschaft, was doch im Grunde nur die richtige Erkenntnis des durch die Revolution aufgeworfenen Grundproblems war. Sie selbst dagegen sahen in Burke nur das Sprachrohr ihrer aristokratischen Gegner, als das er nach außen hin erschien [139].

Burkes Zusammenarbeit mit der höfischen Emigration erreicht im Spätsommer 1791 ihre größte Intensität. Sie empfängt ihre entscheidenden Antriebe aus einer Abwandlung der europäischen Gesamtlage, die Burke hoffnungsvoll stimmen mußte. Das Abflauen der großen Orientkrise, die Staatsmänner und Kabinette so lange beschäftigt und von dem westlichen Brandherd abgelenkt hatte, die Bildung eines politischen Zentrums der Emigration am „Hof" der Prinzen in Koblenz, die ersten Anzeichen der erwachenden monarchischen Solidarität, die Flucht nach Varennes, die den dünnen konstitutionellen Schleier zerriß, der die „Gefangenschaft" des Königspaares noch verhüllte, die siegreiche Erhebung der belgischen Provinzen für ihre historische Verfassung – jene „rebellion against innovation [140]", in der Burke die gleichen aufklärerischen Prinzipien unterliegen sah, die in Frankreich zur Herrschaft gelangt waren –, all das schien ihm auf eine bevorstehende Sammlung der europäischen Gegenkräfte der Revolution hinzudeuten. Zur gleichen

[139] Vgl. *Lally-Tollendals* „Lettre à M. Burke" v. 20. Juni 1791 und den hochinteressanten Bericht *Malouets* über seine Begegnung mit *Burke* im September 1792. (*Malouet*, Mèmoires, 2 Bde, Paris 1874, Bd. II, S. 259 ff.).

[140] Vgl. Brief an Chevalier *de Rivarol* v. 1. Juni 1791. Corr. III, 211.

Zeit aber hatte ein innerenglisches Ereignis von größter Tragweite seinen Kampf gegen die Revolution von den letzten parteipolitischen Rücksichten entbunden: der endgültige Bruch mit Fox in der großen Debatte über die Canada-Bill. Burke hatte damit eine für die Begriffe der Zeit außerordentlich weitgehende Konsequenz aus seiner Einstellung zur französischen Revolution gezogen: die Auflösung einer in jahrzehntelanger Opposition gewachsenen, zugleich persönlichen und politischen Freundschaft, die Preisgabe des gegen „prerogative“ und „influence“ gerichteten Oppositionsprinzips der Whigs. Man muß sich vor Augen halten, was „Party“ und „Friendship“ für den englischen Politiker des 18. Jahrhunderts und gerade für Burke bedeuteten[141], um die Erregung zu verstehen, die in allen zeitgenössischen Schilderungen dieses dramatischen Vorgangs nachzittert. Wie man diesen Schritt auch beurteilen mag, sicher ist, daß Burke sich damit – wissentlich oder nicht – dem Regierungslager genähert hatte. Die Aufnahme, die seine berühmte Verteidigungsschrift „The Appeal from the New to the Old Whigs“ bei Hofe fand, zeigt zum mindesten, daß sein Bruch mit dem Führer der Opposition dort so verstanden wurde[142]. Jedenfalls entfaltet sich Burkes Wirken von nun an in einer gewandelten innenpolitischen Konstellation, die seinen Wert und seine Bedeutung für die Pläne der bewaffneten Gegenrevolution nur erhöhen konnte. Und vielleicht liegt hier der tiefste Grund für Calonnes eigenartigen Versuch, Burke in das Netz der Emigrantendiplomatie zu verstricken und als Mittelsmann zwischen der englischen Regierung und dem Koblenzer Prinzenhof zu benutzen.

Calonne wußte, daß der von ihm betriebene Zusammenschluß der großen Kontinentalmächte mit der Emigration gegen das revolutionäre Frankreich nur Wirklichkeit werden konnte, wenn England aus seiner „absoluten Neutralität“ heraustrat und diesem Vorhaben wenigstens moralische Unterstützung und indirekte diplomatische Hilfe lieh. Pitt eine diesbezügliche Erklärung zu entreißen, war der Zweck seiner Mission, die ihn im Juli 1791 nach England führte. Daß er dabei auf eisige Ablehnung stieß, ja von Pitt nicht einmal empfangen wurde, mag ihn bewogen haben, den begehrten Kontakt mit den verantwortlichen Leitern der englischen Politik zunächst auf einem Umwege anzustreben: durch Vermittlung Burkes, dessen Sympathie

[141] Vgl. darüber neuerdings: *R. Pares,* King George III and the Politicians, Oxford 1954, S. 74 ff.

[142] Vgl. Brief an *Richard Burke* v. 9. August 1791, Corr. III, 232 u. *Laprade,* a. a. O., S. 40 ff., der die unmittelbaren Auswirkungen des Bruchs mit *Fox* sehr ausführlich beschreibt, den Grad von *Burkes* Annäherung an das Regierungslager aber doch wohl überschätzt.

für die „bonne cause" er sicher war und dessen Ansehen im Regierungslager langsam zu steigen begann.

Die erste Fühlungnahme des geschäftigen Agenten der Prinzen mit Burke erfolgt ganz im Stil eines „secret" des 18. Jahrhunderts. In Margate, wohin er Burke nachgereist war, übermittelte ihm Calonne ein anonymes Schreiben in verstellter Schrift, das sich noch in Burkes Papieren befindet[144]. Er erbat darin eine nächtliche Unterredung, um eine Frage von größter politischer Wichtigkeit zu besprechen. Burke hat dieses befremdliche Ansinnen zunächst energisch abgelehnt und den zudringlichen Schreiber auf den amtlichen Weg verwiesen. Wahrscheinlich wäre die von Calonne gewünschte Verbindung nie zustande gekommen, wenn sie nicht in Richard Burke einen begeisterten Fürsprecher gefunden hätte. Seiner sentimentalen Verehrung für die französische Aristokratie, seinem gegenrevolutionären Eifer und seinem jugendlichen Wirkungsdrang winkte hier ein Betätigungsfeld von lockendem Reiz. So wird es Calonne nicht schwer gefallen sein, Richards starken Einfluß bei seinem Vater in die gewünschte Richtung zu lenken. Was im einzelnen zwischen Calonne und den beiden Burkes verabredet worden ist, wissen wir nicht[145] – aber jedenfalls haben ihre Besprechungen ein wichtiges Ergebnis gehabt: die Entsendung Richards an den Hof der Prinzen in Koblenz im Auftrage und als Sachwalter seines Vaters.

[143] Vgl. hierzu Holland Rose, Pitt and the Great War, S. 3 ff.

[144] Sheffield MSS. Es lautet: „Monsieur, une affaire de la plus grande importance et qui peut intéresser l'Etat et la nation anglaise m'oblige de vous demander une heure de conversation, mais comme je puis être observé et qu'il m'importe beaucoup que mes démarches soit (sic) ignorées, je vous prie que cela soit la nuit . . . je suis Français et je n'entends pas un mot d'Anglais. Je passeray demain à six heures du soir pour prendre votre réponse et savoir si vous jugez à propos de savoir ce que j'ai à vous dire et dans le cas, je vous prie de me marquer l'heure et le jour. Je ne signe pas ma lettre, mais je vous dirai qui je suis. Il est important que l'Ambassadeur de France et tout ce qui l'entoure ignore ma démarche. Je suis etc." *Burkes* im Entwurf erhaltene Antwort lautet: „Monsieur, comme je puis rien en Français, comme vous pouvez bien appercevoir dans ce que j'ai l'honneur de vous écrire, et comme je n'occupe aucune charge, je ne vous donnerai pas la peine de me communiquer le secret que vous voulez bien me conférer. Il faut vous appliquer au secrétaire d'Etat à qui la connaissance des affaires qui intéressent l'Etat appartient à titre d'office." Die beiden Schreiben beweisen eindringlich genug, daß die Initiative zu den Unterredungen in Margate von *Calonne* ausgegangen ist – entgegen seiner späteren Behauptung in einem Brief an *Pitt* v. 5. Okt. 1791, dessen Konzept in den Calonne-Papers des Public Record Office, P. C. 1/124 Nr. 146 erhalten ist.

[145] Wenn man *Calonnes* eigenen Angaben in dem oben erwähnten Brief an *Pitt* Glauben schenken darf, hat er damals den *Burkes* als Ziel eines Zusammengehens der engl. Regierung mit den Emigranten eine Neubegründung des europäischen Gleichgewichts durch ein engl.-franz. Bündnis vor Augen gestellt.

Burke hat seinen Sohn nicht ohne ein gewisses Mißbehagen reisen sehen und auch die Erfolgschancen dieser amateurdiplomatischen Aktion nicht eben hoch bewertet[146]. Er war sich über ihren privaten und unverbindlichen Charakter durchaus im klaren und hat Richard nachdrücklich davor gewarnt, auf die Unterstützung oder auch nur das Wohlwollen eines Ministeriums zu rechnen, dessen Kurs auf strengste Neutralität unverrückbar festgelegt war. Auch daß Pitts Innenminister Henry Dundas von Ziel und Zweck der Reise wußte und sich von Richard über seine Eindrücke berichten lassen wollte, erschien ihm nicht als Zeichen ermunternden Vertrauens, sondern eher als eine weitere Erschwerung der delikaten Aufgabe, die den jungen Burke in Deutschland erwartete[147]. Trotzdem hat er sie ganz zu der seinen gemacht und mit der leidenschaftlichen Hingabe ergriffen, die er allem zuwandte, was seinen Sohn anging.

Sie hat sich nirgends rückhaltloser offenbart als in den dicht aufeinanderfolgenden Briefen, die er in diesen Wochen nach Koblenz schrieb. Sie suchen das verworrene Getriebe der kontinentalen Mächteinteressen vor dem noch ungeschärften Blick des jugendlichen Abgesandten zu entschleiern und nehmen stellenweise denkschriftartigen Umfang an. Sie sind zugleich ein Zeugnis der widerstreitenden Gefühle, mit denen er das Unternehmen seines Sohnes verfolgte. Vor allem aber enthalten sie den Niederschlag eines bedeutsamen gedanklichen Prozesses, in dem Burkes Auseinandersetzung mit der Revolution ihre letzte und höchste Stufe erreicht. Denn damals, im vergeblichen Ringen um die diplomatische Einleitung des Abwehrkampfes, ist ihm jener weltgeschichtliche Aspekt der Revolution aufgegangen, der fortan sein ganzes Denken und Planen beherrscht: ihre bevorstehende Ausweitung zu einem gesamteuropäischen Bürgerkrieg, der vor keinen Grenzen haltmacht, weil seine Fronten im Inneren der Staaten selbst verlaufen. Die Hüter des alten Staatensystems von der Nähe dieser Gefahr zu überzeugen und sie zum rechtzeitigen Eingreifen in den französischen „Bürgerkrieg" zu ermuntern als Vollstrecker eines gemein-

146 *Richard Burke* ist Anfang August 1791 abgereist; er hat zunächst mit den Emigranten in Brüssel verhandelt u. ist am 16. Aug. in Koblenz eingetroffen, wo er bis Mitte September geblieben ist.

147 Vgl. Brief an *Richard B. sen.* v. 25. Juli 1791, Corr. III, 222. Wie die Verbindung mit *Dundas* zustande gekommen ist, läßt sich nicht ermitteln. Jedenfalls lassen *Dundas* private und amtl. Äußerungen über *Richard B.* Mission keinerlei weitergehendes Interesse oder gar Sympathie für das Unternehmen erkennen. Immerhin ist es bemerkenswert, daß *Dundas*, der später zu den entschiedensten Anhängern *Burkes* gehören wird, sich als Informationskanal zwischen den *Burkes* und der Regierung zur Verfügung gestellt hat.

europäischen, völkerrechtlich begründeten Prinzips[148] – das ist das Ziel der fieberhaften Tätigkeit, die er damals entfaltet hat, um die Mission seines Sohnes von England aus zu unterstützen und zu lenken. Daß sie gescheitert ist und scheitern mußte, bedarf hier keiner näheren Begründung. Die auseinanderstrebenden Interessen der Mächte waren stärker als ihr Wille zu gemeinsamer Aktion, ihr wechselseitiges Mißtrauen reger als die monarchische Solidarität, der Drang nach Zeitgewinn gebieterischer als die Argumente, die in Burkes Augen für schnelles Handeln sprachen[149]. Nirgends ist ihm diese Divergenz schmerzlicher bewußt geworden als in der denkwürdigen Unterredung mit Pitt und Grenville, die er in diesen Tagen in einem Brief an Richard beschrieben hat[150]. Der Gegensatz der Persönlichkeiten und die Unvereinbarkeit der Standpunkte kommen darin plastisch zum Ausdruck. Hier Burke, durchdrungen von der Gefahr, die er mit der Revolution für England und Europa heraufziehen sieht, dort Pitt und sein Außenminister, im tiefsten überzeugt, daß „England für jetzt und alle Ewigkeit" dagegen gefeit sei. Während Burke die Gunst der Stunde für den Zusammenschluß aller Feinde von „order and government" beschwört, hält Pitt den kühlen Blick auf die Rivalitäten der Kontinentalmächte gerichtet. Burke sieht in ihrem Zögern nur gespannte Erwartung des von England zu gebenden Signals – Pitt nur ihr Bestreben, die eigene Untätigkeit mit der englischen Neutralität zu beschönigen. Der eine glaubt, daß die Zeit für – der andere, daß sie gegen die Revolution arbeite.

So steht auch dieses Unternehmen Burkes im Zeichen des verhängnisvollen „zu früh", in dem ein tiefsinniges Wort von Charles James Fox die Pro-

[148] *Burke* beruft sich dabei auf Vattels „Droit des Gens" und seine Begründung des Interventionsprinzips als natürliches Recht der Nationen, sich gegen Friedensstörer in ihrer Mitte zur Wehr zu setzen. (Vgl. *E. de Vattel,* Droit des Gens, Préliminiares § 22, II, § 53, III, § 34). In seinen späteren Revolutionsschriften hat sich *Burke* wiederholt auf *Vattel* bezogen, doch taucht bezeichnenderweise sein Name zuerst in dem Brief auf, den *Burke* als Instruktion seinem Sohn nachsandte. (Corr. III, 224). Was *Vattel* in *Burkes* Augen besonders empfahl, war zunächst die Tatsache, daß es sich um einen ‚very republican writer' handelte, der sich als geistige Waffe gegen die Revolution gerade deshalb eignete, weil er ihrem eigenen Ideengrunde entstammte. Darüber hinaus aber steht *Vattels* Lehre auch in einem inneren Bezug zu *Burkes* noch stark naturrechtlich gefärbter Vorstellung des „Universal Law of Nations" und seinen geschichtslosen Normen, auf die sich der „social compact" der europäischen Staatenwelt als eine Art von zweitem, abgeleitetem Naturrecht gründen müsse. Über *Burkes* völkerrechtliche Vorstellungen vgl. *P. J. Stanlis, E. Burke* and the Law of Nations, The American Journal of International Law 47 (1953) und neuerdings das *Burke*kapitel b. *L. Strauss,* Natural Right and History, Chicago 1953.

[149] Insbesondere die bevorstehende Annahme der Verfassung durch Ludwig XVI.

[150] Corr. III, 344.

blematik seines gesamten Wirkens erfaßt hat[151]. Mitten in Richards Koblenzer Aufenthalt fiel die Pillnitzer Erklärung, deren berühmtes „alors et dans ce cas" die Hoffnungen der französischen Royalisten auf baldige Intervention der Mächte begrub[152]. Damit war auch das Schicksal von Richards Mission besiegelt, deren Schwierigkeiten unter den damaligen Mächteverhältnissen auch der gewiegteste Unterhändler erlegen wäre. Daß Richard Burke es offenbar nicht war, wird aus seinen Briefen an den Vater deutlich. Sie zeigen, daß er keine ausreichende Kenntnis der verwickelten diplomatischen Zusammenhänge der Epoche besaß[153], vor allem aber spricht aus ihnen eine fast kindliche Empfänglichkeit für die ihm in Koblenz reichlich gespendeten Liebenswürdigkeiten und höfischen Gunstbeweise. Während ihm sein persönliches Geltungsbewußtsein die nüchterne Erkenntnis der wahren Lage immer wieder verschloß, wiegte er sich und seinen Vater in dem Glauben an das entscheidende Gewicht seines Einflusses[154]. Es ist bezeichnend für die durch nichts zu erschütternde Meinung, die er von seinen Fähigkeiten besaß, daß er unmittelbar vor seiner Abreise Burke das Ansinnen stellte, sich bei Dundas für seine Ernennung zum britischen Agenten bei den deutschen Höfen einzusetzen, wo er neuen Raum für seinen diplomatischen Ehrgeiz zu finden hoffte[155]. Wie sehr er sich dabei über die Einschätzung seiner Talente durch die englischen Minister täuschte, zeigt ihr Urteil über seine Koblenzer Tätigkeit in der amtlichen Korrespondenz von Grenville und Dundas[156]. Seine Berichte besaßen für sie nicht einmal nennenswerten informatorischen Wert und ihre Hauptsorge war, daß „an individual so perfectly unauthorized as he is" die enggezogenen Grenzen seines privaten Auftrags überschreiten könne.

Man wird diese Sorge der englischen Minister nur begreiflich finden. Merkwürdigerweise wurde sie aber auch gerade von denen geteilt, die Richard Burke für seine politischen Geistesverwandten und dankbaren Schützlinge hielt: den Koblenzer Emigranten und ihrem politischen Inspirator Calonne.

[151] *Fox'* Ausspruch: „*Burke* is often right, only he is right too soon" bei Madame d'*Arblay*, Diary and Letters, V, S. 92, London 1906.

[152] Die Rückkehr des Grafen d'*Artois* und *Calonnes* nach Koblenz wird von Richard höchst anschaulich beschrieben. Corr., III, 316 ff.

[153] Das wird sogar von ihm selbst zugegeben. Vgl. Corr. III, 311.

[154] Corr. III, 326.

[155] Corr. III, 329.

[156] Dropmore Papers II, Hist. MSS. Comm. 30, 2, S. 191 ff. Dieser Briefwechsel wurde ausgelöst durch einen Bericht Richards, den *Dundas* an *Grenville* weitergegeben und den dieser dem König vorgelegt hatte.

Auch hier wurde er das Opfer einer Illusion, die der von ihm ergriffenen Vermittlerrolle einen tragikomischen Zug verleiht. Es ist ihm nie bewußt geworden, wie er auf Calonne und seine Umgebung gewirkt hat und wie sie in Wahrheit über ihn dachten. Wir besitzen dafür in den Calonne-Papers des Public Record Office[157] eine aufschlußreiche, bisher noch nicht ausgeschöpfte Quelle, die Richard Burkes Auftreten in Koblenz in ganz anderem Lichte zeigt als seine eigenen Briefe an den Vater.

Den Calonne-Papers läßt sich entnehmen, wie Richard seine Aufgabe anpackte und welche Vorschläge er dem Minister der Emigration und seinen prinzlichen Auftraggebern unterbreitet hat[158]. Darüber hinaus aber enthüllen sie einen fast sensationellen Tatbestand, der Richard und seinem Vater immer verborgen geblieben ist. Sie beweisen nämlich, daß Richard keineswegs der hochgeschätzte und umworbene Berater der Emigranten war, für den er sich hielt, sondern von diesen zunehmend als Belastung empfunden wurde. Es gibt viele abfällige Äußerungen über Richard Burke aus dem Munde englischer Zeitgenossen. Aber keine erreicht die schneidende

[157] Sie haben ein seltsames Schicksal gehabt. *Calonne* ließ sie in England zurück, als er nach dem Frieden von Amiens wieder nach Frankreich ging. Er ist dort noch im gleichen Jahr gestorben und seine in England verbliebenen Papiere wurden zunächst von der Regierung beschlagnahmt, dann von *Calonnes* Sohn an die Regierung verkauft. (Vgl. *Earl of Malmesbury,* Diaries and Correspondence, 1844, Bd. IV., S. 198). Sie füllten mehrere große Koffer und befanden sich lange Zeit in völliger Unordnung. Ihr erster wissenschaftlicher Benutzer, der französische Historiker *Christian de Parrell,* hat sie in eine vorläufige, noch immer nicht befriedigende Ordnung gebracht. In seinem Buch „Les papiers de Calonne" hat er einen Teil des reichen Materials veröffentlicht, das sich aber im wesentlichen auf die finanziellen Transaktionen *Calonnes* im Dienste der Prinzen beschränkt.

[158] Schon am Tage seiner Ankunft in Koblenz, am 16. August 1791, hat er in einer 11 Seiten langen Denkschrift dem zur Konferenz nach Pillnitz abgereisten *Calonne* seine Auffassung vom Sinn seiner Mission entwickelt. Man kann sie weder als besonders inhaltsreich noch als diplomatisch geschickt bezeichnen. Gedanklich ist sie im Grunde nur eine weitschweifige Paraphrase *Burke*scher Ideengänge. Sie enthält einen langen, mit *Vattel*-Zitaten gespickten Exkurs über das Recht und die Pflicht der anderen Staaten Europas zur Intervention in den gesetz- und verfassungslosen Zustand des neuen Frankreich. Man wird kaum annehmen dürfen, daß diese Erörterungen großen Eindruck auf *Calonne* gemacht haben. Was *Richard B.* ihm sonst zu bieten hatte, war wenig genug. Daß er sich für die Neutralität Englands verbürgen zu können glaubte, wog nicht schwer und wurde außerdem durch einen ungeschickten Hinweis am Schluß des Briefes entwertet. Richard betont hier, daß England durch die Revolution nicht so unmittelbar berührt werde, wie die festländischen Nationen und vielleicht sogar wirtschaftlichen Gewinn daraus ziehen könne. Was *R. B.* hier unbedacht aussprach, deckte sich mit den geheimsten Befürchtungen, die den in der Tradition des englisch-franz. Gegensatzes aufgewachsenen *Calonne* und seine prinzlichen Auftraggeber seit Beginn der Revolution beseelten: dem nur zu begreiflichen Verdacht, daß sich hinter der englischen Neutralität ein auf die Schwächung Frankreichs gerichtetes Machtinteresse verbarg.

Schärfe, mit der Calonne und seine Gehilfen den übereifrigen Missionar der „bonne cause“ bedacht haben. Es ist bezeichnend für den Eindruck, den er in Koblenz hinterließ, daß Calonne unmittelbar nach seiner Abreise einen besonderen Agenten nach England sandte mit der geheimen Weisung, die Schritte des jungen Burke zu überwachen und etwaige Indiskretionen zu verhindern, die der Emigrantenregierung bei Pitt und seinen Ministerkollegen schaden könnten. Wenn man nicht überhaupt auf seine weiteren Dienste verzichtete, so nur deshalb, weil man den Sohn in Kauf nehmen mußte, um sich des Vaters zu versichern [159]. So kann es nicht wundernehmen, daß selbst das magere Ergebnis, das Richard von Koblenz mitbrachte: die Bestallung seiner Freunde, der Gebrüder Bintinaye, zu bevollmächtigen Agenten der französischen Emigration in England, für Calonne nicht mehr als eine Höflichkeitsgeste an die Adresse Edmund Burkes war. Während Richard und sein Vater mit allen Kräften bemüht waren, Geldmittel und Informationen für sie zu erwirken und ihrer förmlichen Akkreditierung den Weg zu bereiten, waren sie von Calonne längst fallen gelassen worden. Dagegen versuchte er durch eine ganze Reihe sich ablösender Agenten hinter dem Rücken der Burkes mit Pitt Fühlung aufzunehmen.

Was Burke für die Emigranten im Grunde bedeutete, wird hier in voller Klarheit sichtbar: nicht mehr als eine Figur in ihrem versteckten und etwas planlosen Spiel, deren schwankender Wert sich nach der Höhe des Einflusses bemaß, den Burke bei den englischen Staatsmännern zu besitzen schien. Seinen Rat haben sie weder ernsthaft gesucht, noch wirklich verstanden und ihm niemals vollen Einblick in die Winkelzüge ihrer Diplomatie gestattet.

„Ça ira and we cannot help it!“ – in diesem Stoßseufzer hat Burke die tiefe Niedergeschlagenheit ausgedrückt, die ihn nach dem ergebnislosen Versanden der Koblenzer Mission erfüllte [160]. Niemals ist Burke einsamer, sein Ringen aussichtsloser, sein Blick in die Zukunft düsterer gewesen als im

[159] Instruction pour *Edouard Dillon* v. 5. Okt. 1791, P. C. 1/127 Nr. 250: „Un des principaux objets de son voyage est de veiller à ce que les démarches du jeune *Burk* (sic) n'excèdent pas les bornes qu'il a promis d'observer et qu'elles ne peuvent donner aucun embarras, ni donner à Mr. *Pitt* aucun sujet de se plaindre.“ Bericht v. *E. Dillon* an *Calonne* v. 18. Okt. 1791, P. C. 1/124 Nr. 145: „Tout ce que Mr. *Pitt* m'a dit relativement à Mr. *Burck* (sic) est fait pour augmenter la confiance que vous avez en ses moyens; vous ne pouviez avoir un meilleur agent ici. Cependant il est impossible de séparer le père et le fils, et plus je vois ce dernier, plus je le trouve fait pour éloigner l'espoir de s'en servir utilement; il pousse la suffisance et la vanité jusqu'à l'impertinence, et son excessive présomption est tellement connue, qu'elle sera proverbiale; on est également dans le secret de sa sottise.“

[160] In einem Brief an *Richard B.* s. d. 1791, Lamport Hall MSS.

Herbst 1791, wo sich alle Zeitmomente gegen ihn zu vereinigen schienen und ihn an dem Sinn seines Bemühens verzweifeln ließen. In dieser Grundstimmung sind gegen Ende des Jahres die „Thoughts on French affairs“ entstanden – die reifste und unvergänglichste seiner großen Revolutionsschriften. Nicht nur, weil sie die am wenigsten durch Exkurse und Beiwerk behaftete und daher die gedanklich geschlossenste ist, sondern weil Burke hier die zeit- und nationalbedingten Schranken seines politischen Denkens am weitesten hinter sich gelassen hat. Die Sorge um England geht hier auf in dem ganz Europa umspannenden Gefühl der Bedrohung durch die „Revolution of doctrine and theoretic dogma“, deren unheimliche Sprengkraft für Burke gerade auf ihrem ideologischen und fast religiösen, nur der Reformation vergleichbaren Charakter beruht. Die gesamte Staatenwelt des 18. Jahrhunderts von Genf bis Rußland, von Neapel bis Schweden wird in die Betrachtung einbezogen und auf ihre Anfälligkeit für die „French Principles“ untersucht. Nirgends sonst hat Burke sein Bild Europas als einer die verschiedensten geschichtlichen Staatsgebilde, Verfassungsformen, Machtgegensätze, Kräfte und Traditionen umgreifenden Einheit so vollständig und zusammenhängend entwickelt wie in dieser Schrift, die gleichsam die Summe zieht aus zwei Jahren angstvollen Beobachtens und schmerzlicher Erfahrung. Wie entmutigend sie Burke sich darstellte, hat er selbst im Schlußwort bekannt. Der Kampf gegen einen Vorgang von so schicksalhafter Gewalt muß dem Versuche gleichkommen, „sich nicht menschlichem Planen, sondern der Vorsehung selbst entgegenzustemmen“ [161]. Wie der siegreiche Vormarsch des „Übels“ aufzuhalten sei – dafür zeigt sich Burke um die Wende des Jahres 1791 kein gangbarer Weg. Er liegt außerhalb menschlichen Strebens und menschlicher Berechnung. Er kann sich, wenn überhaupt, nur aus einem unerwarteten Wandel der Umstände eröffnen, wie er immer wieder im geschichtlichen Leben neue Voraussetzungen und Möglichkeiten schafft.

Diese Wendung ist schneller eingetreten, als Burke damals hoffen konnte. Ende 1791 noch ein vereinsamter und gescheiterter Politiker, befindet er sich bereits ein Jahr später wieder in vollem Aufstieg zu Einfluß und Geltung. In der kurzen Zwischenzeit hat sich in England ein Umschwung vollzogen, der, so wenig er auch nach außen in Erscheinung trat, die innerenglische Entwicklung für mehrere Jahrzehnte bestimmt hat. Was Burkes schriftstelle-

[161] Vgl. Works III, 393: „... they, who persist in opposing this mighty current in human affairs, will appear rather to resist the decrees of Providence itself than the designs of men. They will not be resolute and firm, but perverse and obstinate.“

rischer Genius nicht vermocht und wofür er zwei Jahre umfassender publizistischer Tätigkeit scheinbar nutzlos geopfert hatte – die Verantwortlichen aus ihrer Gleichgültigkeit gegenüber dem großen kontinentalen Vorgang aufzurütteln und mit der eigenen zitternden Unruhe zu erfüllen –, das hat in wenigen Monaten die Revolution selbst bewirkt. Die zunehmende Intensität ihrer Ausstrahlung auf die englische Mittelklasse hat zum erstenmal im Frühjahr 1792 ein deutliches Unbehagen bei der politischen Führungsschicht des Landes geweckt, das sich zur Erregung steigert, als die revolutionäre Propaganda in die eigenen Reihen einzudringen droht. Die Gründung einer reformfreundlichen Vereinigung durch jugendliche Mitglieder der Whigpartei[162] gibt der „radikalen" Clubbewegung einen neuen gefährlichen Akzent. Sie verliert dadurch ihren mittelständischen Charakter und gewinnt gewissermaßen parlamentarischen Boden. Für den Historiker ist es nicht schwer, die außerordentlich maßvollen Ziele dieser Bewegung sowie ihre eigenständigen englischen Wurzeln zu erkennen – den Zeitgenossen stellte sie sich zwangsläufig als ein Parallelvorgang der Französischen Revolution dar, der auch in England in den gewaltsamen Umsturz der historischen Verfassung ausmünden mußte. Unter dem Eindruck dieser vielleicht imaginären, aber durchaus ernst genommenen Gefahr sind damals Vertreter der verschiedensten politischen Lager und Parteischattierungen aus kühlen Beobachtern zu erbitterten Gegnern des revolutionären Frankreich geworden. Das gilt nicht nur für Pitt, der sich damals endgültig von der Reformfreundschaft seiner Anfänge gelöst hat, sondern auch für eine ganze Reihe von Whigmagnaten, die auf einen antirevolutionären Kurs der Regierung drängten[163]. So hat die innenpolitische Situation des Jahres 1792 das konservative England auf ein aktives Einschreiten gegen die Revolution vorbereitet, noch bevor diese zu einer tödlichen Bedrohung seiner außenpolitischen Lebensinteressen wurde. Als das Sturmsignal von Jemappes England erreichte, war seine herrschende

[162] Die „Friends of the People", die im April 1792 v. *Charles Grey* und einer Gruppe junger Whigs begründet wurden. Die außerordentlich weittragenden Folgen dieses Vorgangs konnten hier nur angedeutet werden. Er hat die Spaltung der Whigs in eine reformistische und antireformistische Gruppe besiegelt und *Fox* in eine unglückliche Zwischenstellung gedrängt, die seinen Einfluß auf die Parteiführung immer mehr schwächte. Vgl. *G. M. Trevelyan*, Lord *Grey* of the Reform Bill, 2. Aufl. 1929, S. 43 ff. u. neuerdings *H. Butterfield, Ch. J. Fox* and the Whig Opposition, a. a. O., S. 302 ff.

[163] Ein besonders instruktives Beispiel hierfür bietet *William Windham*, der bisher aus seiner Sympathie für die franz. Revolution keinen Hehl gemacht hatte und in diesen Monaten ganz auf *Burkes* Seite einschwenkt. Vgl. Correspondence of *E. Burke* and *W. Windham*, S. 25, 28 u. 34 f. Über die Haltung des Duke of Portland u. *Earl Fitzwilliam* jetzt zusammenfassend *Butterfield*, a. a. O., S. 321 ff.

Schicht längst reif geworden für die große Entscheidung, die das Inselreich im nächsten Jahr an die Seite der kriegführenden Mächte gebracht hat.

Burkes persönlicher Anteil an dieser Entwicklung ist schwer abzuschätzen, aber sicher ist, daß sie der Richtung seines Denkens in eigentümlicher Weise entgegenkam und völlig neue Voraussetzungen für sein politisches Wirken schuf. Hatte es ihn bisher in Gegensatz zu allen herrschenden Zeittendenzen gebracht und schließlich auf den verlorenen Posten eines Einzelkämpfers abgedrängt, so beginnen ihm seit 1792 Land und Regierung langsam zu folgen. So wenig ihm die Anstrengungen genügen mochten, die England in dem großen Abwehrkampf auf sich nahm und so stark er das Mißverhältnis empfand zwischen der revolutionären Kriegführung und den hergebrachten Methoden, die ihr die britischen Staatsmänner entgegensetzten – im ganzen hat England doch die Bahn beschritten, die Burke ihm vorgezeichnet sah. Es ist, wenn auch zögernd und gleichsam wider Willen, zum Vorkämpfer Europas gegen die Revolution geworden, und es hat gleichzeitig die überlieferten sozialen Grundlagen seiner Verfassung gegen jeden Einbruch der „French principles" abgeschirmt, deren nivellierender Wirkung sich kein anderes Mitglied der alten europäischen Staatengesellschaft ganz entziehen konnte. Es gehört zur Tragik Burkes, daß er die Früchte dieser erfolgreichen Selbstbehauptung nicht mehr reifen sah. Er hat den unaufhaltsamen Siegeszug der Revolution noch miterleben müssen und angesichts ihres Triumphs, im Jahre von Campo Formio, in einer der furchtbarsten Krisen der englischen Geschichte, ist er gestorben. Er sah sich bis zum letzten Atemzuge in der unfruchtbaren Rolle des einsamen Schwimmers gegen den Strom der Zeit, und mehr als einmal hat er erwogen, sich von dem aussichtslosen „French business" zurückzuziehen. Es hat ihn nicht mehr losgelassen, weil er im tiefsten überzeugt war, daß nur die totale Niederlage des revolutionären Frankreich den Fortbestand der englischen Verfassung sichern konnte. So sehr sich gerade in den letzten Lebensjahren sein Blick für die europäische Problematik der Revolution geweitet hat – er blieb doch immer wieder auf ihrem Ursprungsland haften, das er so deutlich „von Ramsgate aus liegen sehen konnte" [164]. Das Bewußtsein der engen geographischen und geistigen Nachbarlage Frankreichs, das seine literarischen und politischen Anfänge begleitet und dann den Ausgangspunkt seiner Revolutionsfurcht bildet, wird jetzt zum Hauptantrieb seines leidenschaftlichen Widerstandes gegen jeden Kompromißfrieden mit der Revolution.

[164] So bereits am 30. September 1791 in einem Brief an *Dundas*. (Original in Privathand, Abschrift in den Sheffield-Manuscripts).

Auf allen Stufen seiner lebenslangen Auseinandersetzung mit dem großen Nachbarvolke hat sich Burke an die kulturelle Anziehungskraft erinnert, die das historische Frankreich auf das „nachahmungsfreudige“ England [165] ausgestrahlt hatte und deren Erneuerung unter demokratischem Vorzeichen er mehr als alles andere fürchtete. Und noch kurz vor seinem Tode hat er im Gespräch den eindrucksvollen Vergleich gefunden, der das englisch-französische Verhältnis seiner Tage sinnbildhaft umgreift:

„England is the moon shone upon by France“ [166].

[165] Vgl. Extracts from Mr. *Burke's* Table-Talk at Crewe-Hall, written down by Mrs. *Crewe*, S. 23: „Mr. *Burke* often said ... that England from various causes ever had been, and ever would be an imitative country.“

[166] Ebenda.

VERÖFFENTLICHUNGEN DER ARBEITSGEMEINSCHAFT FÜR FORSCHUNG DES LANDES NORDRHEIN-WESTFALEN

NATURWISSENSCHAFTEN

HEFT 1

Prof. Dr.-Ing. Friedrich Seewald, Aachen
Neue Entwicklungen auf dem Gebiet der Antriebsmaschinen

Prof. Dr.-Ing. Friedrich A. F. Schmidt, Aachen
Technischer Stand und Zukunftsaussichten der Verbrennungsmaschinen, insbesondere der Gasturbinen

Dr.-Ing. Rudolf Friedrich, Mülheim (Ruhr)
Möglichkeiten und Voraussetzungen der industriellen Verwertung der Gasturbine

1951, 52 Seiten, 15 Abb., kartoniert, DM 2,75

HEFT 2

Prof. Dr.-Ing. Wolfgang Riezler, Bonn
Probleme der Kernphysik

Prof. Dr. Fritz Micheel, Münster
Isotope als Forschungsmittel in der Chemie und Biochemie

1951, 40 Seiten, 10 Abb., kartoniert, DM 2,40

HEFT 3

Prof. Dr. Emil Lehnartz, Münster
Der Chemismus der Muskelmaschine

Prof. Dr. Gunther Lehmann, Dortmund
Physiologische Forschung als Voraussetzung der Bestgestaltung der menschlichen Arbeit

Prof. Dr. Heinrich Kraut, Dortmund
Ernährung und Leistungsfähigkeit

1951, 60 Seiten, 35 Abb., kartoniert, DM 3,50

HEFT 4

Prof. Dr. Franz Wever, Düsseldorf
Aufgaben der Eisenforschung

Prof. Dr.-Ing. Hermann Schenck, Aachen
Entwicklungslinien des deutschen Eisenhüttenwesens

Prof. Dr.-Ing. Max Haas, Aachen
Wirtschaftliche Bedeutung der Leichtmetalle und ihre Entwicklungsmöglichkeiten

1952, 60 Seiten, 20 Abb., kartoniert, DM 3,50

HEFT 5

Prof. Dr. Walter Kikuth, Düsseldorf
Virusforschung

Prof. Dr. Rolf Danneel, Bonn
Fortschritte der Krebsforschung

Prof. Dr. Dr. Werner Schulemann, Bonn
Wirtschaftliche und organisatorische Gesichtspunkte für die Verbesserung unserer Hochschulforschung

1952, 50 Seiten, 2 Abb., kartoniert, DM 2,75

HEFT 6

Prof. Dr. Walter Weizel, Bonn
Die gegenwärtige Situation der Grundlagenforschung in der Physik

Prof. Dr. Siegfried Strugger, Münster
Das Duplikantenproblem in der Biologie

Direktor Dr. Fritz Gummert, Essen
Überlegungen zu den Faktoren Raum und Zeit im biologischen Geschehen und Möglichkeiten einer Nutzanwendung

1952, 64 Seiten, 20 Abb., kartoniert, DM 3,—

HEFT 7

Prof. Dr.-Ing. August Götte, Aachen
Steinkohle als Rohstoff und Energiequelle

Prof. Dr. Dr. E. h. Karl Ziegler, Mülheim (Ruhr)
Über Arbeiten des Max-Planck-Institutes für Kohlenforschung

1953, 66 Seiten, 4 Abb., kartoniert, DM 3,60

HEFT 8

Prof. Dr.-Ing. Wilhelm Fucks, Aachen
Die Naturwissenschaft, die Technik und der Mensch

Prof. Dr. Walther Hoffmann, Münster
Wirtschaftliche und soziologische Probleme des technischen Fortschritts

1952, 84 Seiten, 12 Abb., kartoniert, DM 4,80

HEFT 9

Prof. Dr.-Ing. Franz Bollenrath, Aachen
Zur Entwicklung warmfester Werkstoffe

Prof. Dr. Heinrich Kaiser, Dortmund
Stand spektralanalytischer Prüfverfahren und Folgerung für deutsche Verhältnisse

1952, 100 Seiten, 62 Abb., kartoniert, DM 6,—

HEFT 10

Prof. Dr. Hans Braun, Bonn
Möglichkeiten und Grenzen der Resistenzzüchtung

Prof. Dr.-Ing. Carl Heinrich Dencker, Bonn
Der Weg der Landwirtschaft von der Energieautarkie zur Fremdenergie

1952, 74 Seiten, 23 Abb., kartoniert, DM 4,30

HEFT 11

Prof. Dr.-Ing. Herwart Opitz, Aachen
Entwicklungslinien der Fertigungstechnik in der Metallbearbeitung

Prof. Dr.-Ing. Karl Krekeler, Aachen
Stand und Aussichten der schweißtechnischen Fertigungsverfahren

1952, 72 Seiten, 49 Abb., kartoniert, DM 5,—

HEFT 12

Dr. Hermann Rathert, Wuppertal-Elberfeld
Entwicklung auf dem Gebiet der Chemiefaser-Herstellung

Prof. Dr. Wilhelm Weltzien, Krefeld
Rohstoff und Veredlung in der Textilwirtschaft

1952, 84 Seiten, 29 Abb., kartoniert, DM 4,80

HEFT 13

Dr.-Ing. E. h. Karl Herz, Frankfurt a. M.
Die technischen Entwicklungstendenzen im elektrischen Nachrichtenwesen

Staatssekretär Prof. Leo Brandt, Düsseldorf
Navigation und Luftsicherung

1952, 102 Seiten, 97 Abb., kartoniert, DM 7,25

HEFT 14

Prof. Dr. Burckhardt Helferich, Bonn
Stand der Enzymchemie und ihre Bedeutung

Prof. Dr. Hugo Wilhelm Knipping, Köln
Ausschnitt aus der klinischen Carcinomforschung am Beispiel des Lungenkrebses

1952, 72 Seiten, 12 Abb., kartoniert, DM 4,30

HEFT 15

Prof. Dr. Abraham Esau †, Aachen
Ortung mit elektrischen und Ultraschallwellen in Technik und Natur

Prof. Dr.-Ing. Eugen Flegler, Aachen
Die ferromagnetischen Werkstoffe der Elektrotechnik und ihre neueste Entwicklung

1953, 84 Seiten, 25 Abb., kartoniert, DM 4,80

HEFT 16

Prof. Dr. Rudolf Seyffert, Köln
Die Problematik der Distribution

Prof. Dr. Theodor Beste, Köln
Der Leistungslohn

1952, 70 Seiten, 1 Abb., kartoniert, DM 3,50

HEFT 17

Prof. Dr.-Ing. Friedrich Seewald, Aachen
Luftfahrtforschung in Deutschland und ihre Bedeutung für die allgemeine Technik

Prof. Dr.-Ing. Edouard Houdremont, Essen
Art und Organisation der Forschung in einem Industrieforschungsinstitut der Eisenindustrie

1953, 90 Seiten, 4 Abb., kartoniert, DM 4,20

HEFT 18

Prof. Dr. Dr. Werner Schulemann, Bonn
Theorie und Praxis pharmakologischer Forschung

Prof. Dr. Wilhelm Groth, Bonn
Technische Verfahren zur Isotopentrennung

1953, 72 Seiten, 17 Abb., kartoniert, DM 4,—

HEFT 19

Dipl.-Ing. Kurt Traenckner, Essen
Entwicklungstendenzen der Gaserzeugung

1953, 26 Seiten, 12 Abb., kartoniert, DM 1,60

HEFT 20

M. Zvegintzow, London
Wissenschaftliche Forschung und die Auswertung ihrer Ergebnisse
Ziel und Tätigkeit der National Research Development Corporation

Dr. Alexander King, London
Wissenschaft und internationale Beziehungen

1954, 88 Seiten, kartoniert, DM 4,20

HEFT 21

Prof. Dr. Robert Schwarz, Aachen
Wesen und Bedeutung der Silicium-Chemie

Prof. Dr. Dr. h. c. Kurt Alder, Köln
Fortschritte in der Synthese von Kohlenstoffverbindungen

1954, 76 Seiten, 49 Abb., kartoniert, DM 4,—

HEFT 21 a

Prof. Dr. Dr. h. c. Otto Hahn, Göttingen
Die Bedeutung der Grundlagenforschung für die Wirtschaft

Prof. Dr. Siegfried Strugger, Münster
Die Erforschung des Wasser- und Nährsalztransportes im Pflanzenkörper mit Hilfe der fluoreszenzmikroskopischen Kinematographie

1953, 74 Seiten, 26 Abb., kartoniert, DM 5,—

HEFT 22

Prof. Dr. Johannes von Allesch, Göttingen
Die Bedeutung der Psychologie im öffentlichen Leben

Prof. Dr. Otto Graf, Dortmund
Triebfedern menschlicher Leistung

1953, 80 Seiten, 19 Abb., kartoniert, DM 4,—

HEFT 23

Prof. Dr. Dr. h. c. Bruno Kuske, Köln
Zur Problematik der wirtschaftswissenschaftlichen Raumforschung

Prof. Dr. Dr.-Ing. E. h. Stephan Prager, Düsseldorf
Städtebau und Landesplanung

1954, 84 Seiten, kartoniert, DM 3,50

HEFT 24

Prof. Dr. Rolf Danneel, Bonn
Über die Wirkungsweise der Erbfaktoren

Prof. Dr. Kurt Herzog, Krefeld
Bewegungsbedarf der menschlichen Gliedmaßengelenke bei der Berufsarbeit

1953, 76 Seiten, 18 Abb., kartoniert, DM 4,—

HEFT 25

Prof. Dr. Otto Haxel, Heidelberg
Energiegewinnung aus Kernprozessen

Dr.-Ing. Dr. Max Wolf, Düsseldorf
Gegenwartsprobleme der energiewirtschaftlichen Forschung

1953, 98 Seiten, 27 Abb., kartoniert, DM 5,25

HEFT 26

Prof. Dr. Friedrich Becker, Bonn
Ultrakurzwellenstrahlung aus dem Weltraum

Dr. Hans Straßl, Bonn
Bemerkenswerte Doppelsterne und das Problem der Sternentwicklung

1954, 70 Seiten, 8 Abb., kartoniert, DM 3,60

HEFT 27

Prof. Dr. Heinrich Behnke, Münster
Der Strukturwandel der Mathematik in der ersten Hälfte des 20. Jahrhunderts

Prof. Dr. Emanuel Sperner, Hamburg
Eine mathematische Analyse der Luftdruckverteilungen in großen Gebieten

1956, 96 Seiten, 12 Abb, 5 Tab., kartoniert, DM 5,—

HEFT 28

Prof. Dr. Oskar Niemczyk, Aachen
Die Problematik gebirgsmechanischer Vorgänge im Steinkohlenbergbau

Prof. Dr. Wilhelm Ahrens, Krefeld
Die Bedeutung geologischer Forschung für die Wirtschaft, besonders in Nordrhein-Westfalen

1955, 96 Seiten, 12 Abb., kartoniert, DM 5,25

HEFT 29

Prof. Dr. Bernhard Rensch, Münster
Das Problem der Residuen bei Lernleistungen

Prof. Dr. Hermann Fink, Köln
Über Leberschäden bei der Bestimmung des biologischen Wertes verschiedener Eiweiße von Mikroorganismen

1954, 96 Seiten, 23 Abb., kartoniert, DM 5,25

HEFT 30

Prof. Dr.-Ing. Friedrich Seewald, Aachen
Forschungen auf dem Gebiete der Aerodynamik

Prof. Dr.-Ing. Karl Leist, Aachen
Einige Forschungsarbeiten aus der Gasturbinentechnik

1955, 98 Seiten, 45 Abb., kartoniert, DM 7,—

HEFT 31

Prof. Dr.-Ing. Dr. h. c. Fritz Mietzsch, Wuppertal
Chemie und wirtschaftliche Bedeutung der Sulfonamide

Prof. Dr. Dr. h. c. Gerhard Domagk, Wuppertal
Die experimentellen Grundlagen der bakteriellen Infektionen

1954, 82 Seiten, 2 Abb., kartoniert, DM 4,—

HEFT 32

Prof. Dr. Hans Braun, Bonn
Die Verschleppung von Pflanzenkrankheiten und -schädigungen über die Welt

Prof. Dr. Wilhelm Rudorf, Voldagsen
Der Beitrag von Genetik und Züchtung zur Bekämpfung von Viruskrankheiten der Nutzpflanzen

1953, 88 Seiten, 36 Abb., kartoniert, DM 5,—

HEFT 33

Prof. Dr.-Ing. Volker Aschoff, Aachen
Probleme der elektroakustischen Einkanalübertragung

Prof. Dr.-Ing. Herbert Döring, Aachen
Erzeugung und Verstärkung von Mikrowellen

1954, 74 Seiten, 23 Abb., kartoniert, DM 4,30

HEFT 34

Geheimrat Prof. Dr. Dr. Rudolf Schenck, Aachen
Bedingungen und Gang der Kohlenhydratsynthese im Licht

Prof. Dr. Emil Lehnartz, Münster
Die Endstufen des Stoffabbaues im Organismus

1954, 80 Seiten, 11 Abb., kartoniert, DM 4,20

HEFT 35

Prof. Dr.-Ing. Hermann Schenck, Aachen
Gegenwartsprobleme der Eisenindustrie in Deutschland

Prof. Dr.-Ing. Eugen Piwowarsky †, Aachen
Gelöste und ungelöste Probleme im Gießereiwesen

1954, 110 Seiten, 67 Abb., kartoniert, DM 6,50

HEFT 36

Prof. Dr. Wolfgang Riezler, Bonn
Teilchenbeschleuniger

Prof. Dr. Gerhard Schubert, Hamburg
Anwendung neuer Strahlenquellen in der Krebstherapie

1954, 104 Seiten, 43 Abb., kartoniert, DM 7,—

HEFT 37

Prof. Dr. Franz Lotze, Münster
Probleme der Gebirgsbildung

Bergwerksdirektor Bergassessor a.D. G. Rauschenbach, Essen
Die Erhaltung der Förderungskapazität des Ruhrbergbaues auf lange Sicht

in Vorbereitung

HEFT 38

Dr. E. Colin Cherry, London
Kybernetik

Prof. Dr. Erich Pietsch, Clausthal-Zellerfeld
Dokumentation und mechanisches Gedächtnis — zur Frage der Ökonomie der geistigen Arbeit

1954, 108 Seiten, 31 Abb., kartoniert, DM 5,25

HEFT 39

Dr. Heinz Haase, Hamburg
Infrarot und seine technischen Anwendungen

Prof. Dr. Abraham Esau †, Aachen
Ultraschall und seine technischen Anwendungen

1955, 80 Seiten, 25 Abb., kartoniert, DM 4,80

HEFT 40

Bergassessor Fritz Lange, Bochum-Hordel
Die wirtschaftliche und soziale Bedeutung der Silikose im Bergbau

Prof. Dr. Walter Kikuth, Düsseldorf
Die Entstehung der Silikose und ihre Verhütungsmaßnahmen

1954, 120 Seiten, 40 Abb., kartoniert, DM 7,25

HEFT 40a

Prof. Dr. Eberhard Gross, Bonn
Berufskrebs und Krebsforschung

Prof. Dr. Hugo Wilhelm Knipping, Köln
Die Situation der Krebsforschung vom Standpunkt der Klinik

1955, 88 Seiten, 31 Abb., kartoniert, DM 5,—

HEFT 41

Direktor Dr.-Ing. Gustav-Victor Lachmann, London
An einer neuen Entwicklungsschwelle im Flugzeugbau

Direktor Dr.-Ing. A. Gerber, Zürich-Oerlikon
Stand der Entwicklung der Raketen- und Lenktechnik

1955, 88 Seiten, 44 Abb., kartoniert, DM 6,—

HEFT 42

Prof. Dr. Theodor Kraus, Köln
Lokalisationsphänomene und Raumordnung vom Standpunkt der geographischen Wissenschaft

Direktor Dr. Fritz Gummert, Essen
Vom Ernährungsversuchsfeld der Kohlenstoffbiologischen Forschungsstation Essen

in Vorbereitung

HEFT 42a

Prof. Dr. Dr. h. c. Gerhard Domagk, Wuppertal
Fortschritte auf dem Gebiet der experimentellen Krebsforschung

1954, 46 Seiten, kartoniert, DM 2,—

HEFT 43

Prof. Giovanni Lampariello, Rom
Über Leben und Werk von Heinrich Hertz

Prof. Dr. Walter Weizel, Bonn
Über das Problem der Kausalität in der Physik

1955, 76 Seiten kartoniert, DM 3,30

HEFT 43a

Prof. Dr. José Mª Albareda, Madrid
Die Entwicklung der Forschung in Spanien

in Vorbereitung

HEFT 44

Prof. Dr. Burckhardt Helferich, Bonn
Über Glykoside

Prof. Dr. Fritz Micheel, Münster
Kohlenhydrat-Eiweiß-Verbindungen und ihre biochemische Bedeutung

1956, 70 Seiten, 67 Abb., kartoniert

HEFT 45

Prof. Dr. John von Neumann, Princeton, USA
Entwicklung und Ausnutzung neuerer mathematischer Maschinen

Prof. Dr. E. Stiefel, Zürich
Rechenautomaten im Dienste der Technik mit Beispielen aus dem Züricher Institut für angewandte Mathematik

1955, 74 Seiten, 6 Abb., kartoniert, DM 3,50

HEFT 46

Prof. Dr. Wilhelm Weltzien, Krefeld
Ausblick auf die Entwicklung synthetischer Fasern

Prof. Dr. Walther Hoffmann, Münster
Wachstumsformen der Industriewirtschaft

in Vorbereitung

18 NEUE FORSCHUNGSSTELLEN
im Land Nordrhein-Westfalen
1954, 176 Seiten, 70 Abb., kartoniert, DM 10,—

HEFT 47

Staatssekretär Prof. Leo Brandt, Düsseldorf
Die praktische Förderung der Forschung in Nordrhein-Westfalen

Prof. Dr. Ludwig Raiser, Bad Godesberg
Die Förderung der angewandten Forschung durch die Deutsche Forschungsgemeinschaft

in Vorbereitung

HEFT 48

Dr. Hermann Tromp, Rom
Bestandsaufnahme der Wälder der Welt als internationale und wissenschaftliche Aufgabe

Prof. Dr. Franz Heske, Schloß Reinbek
Die Wohlfahrtswirkungen des Waldes als internationales Problem

in Vorbereitung

HEFT 49

Präsident Dr. G. Böhnecke, Hamburg
Zeitfragen der Ozeanographie

Reg.-Direktor Dr. H. Gabler, Hamburg
Nautische Technik und Schiffssicherheit

1955, 120 Seiten, 49 Abb., kartoniert, DM 7,50

HEFT 50

Prof. Dr.-Ing. Friedrich A. F. Schmidt, Aachen
Probleme der Selbstzündung und Verbrennung bei der Entwicklung der Hochleistungskraftmaschinen

Prof. Dr.-Ing. A. W. Quick, Aachen
Ein Verfahren zur Untersuchung des Austauschvorganges in verwirbelten Strömungen hinter Körpern mit abgelöster Strömung

1956, 88 Seiten, 38 Abb., kartoniert, DM 6,20

HEFT 51

Prof. Dr. Siegfried Strugger, Münster
Struktur, Entwicklungsgeschichte und Physiologie der Chloroplasten

Direktor Dr. J. Pätzold, Erlangen
Therapeutische Anwendung mechanischer und elektrischer Energie

in Vorbereitung

HEFT 52

Mr. F. A. W. Patmore, London
Der Air Registration Board und seine Aufgaben im Dienst der britischen Flugzeugindustrie

Prof. A. D. Young, Cranfield
Gestaltung der Lehrtätigkeit in der Luftfahrttechnik in Großbritannien

1956, 92 Seiten, 16 Abb., kartoniert,

JAHRESFEIER 1955

Prof. Dr. Josef Pieper, Münster
Über den Philosophie-Begriff Platons

Prof. Dr. Walter Weizel, Bonn
Die Mathematik und die physikalische Realität

1955, 62 Seiten, kartoniert, DM 2,90

HEFT 52a

Dr. D. C. Martin, London
Geschichte und Organisation der Royal Society

Dr. Roux, Südafrika
Probleme der wissenschaftlichen Forschung in der Südafrikanischen Union

in Vorbereitung

HEFT 53

Prof. Dr.-Ing. Georg Schnadel, Hamburg
Forschungsaufgaben zur Untersuchung der Festigkeitsprobleme im Schiffsbau

Prof. Dipl.-Ing. Wilhelm Sturtzel, Duisburg
Forschungsaufgaben zur Untersuchung der Widerstandsprobleme im Schiffsbau

in Vorbereitung

HEFT 53 a

Prof. Giovanni Lampariello, Rom
Von Galilei zu Einstein

1956, 92 Seiten, kartoniert, DM 4,20

HEFT 54

Prof. Dr. Julius Bartels, Göttingen
Sonne und Erde — das Thema des internationalen geophysikalischen Jahres

Direktor Dr. Walter Dieminger, Lindau/Harz
Ionosphäre und drahtloser Weitverkehr

in Vorbereitung

HEFT 54a

Sir John Cockcroft, London
Die friedliche Anwendung der Kernenergie

in Vorbereitung

HEFT 55

Prof. Dr.-Ing. Fritz Schultz-Grunow, Aachen
Das Kriechen und Fließen hochzäher und plastischer Stoffe

Prof. Dr.-Ing. Hans Ebner, Aachen
Wege und Ziele der Festigkeitsforschung besonders im Hinblick auf den Leichtbau

in Vorbereitung

HEFT 56

Prof. Dr. Ernst Derra, Düsseldorf
Der Entwicklungsstand der Herzchirurgie

Prof. Dr. Gunther Lehmann, Dortmund
Muskelarbeit und Muskelermüdung in Theorie und Praxis

in Vorbereitung

HEFT 57

Prof. Dr. Theodor von Kármán, Pasadena
Freiheit und Organisation in der Luftfahrtforschung

Staatssekretär Prof. Leo Brandt, Düsseldorf
Bericht über den Wiederbeginn deutscher Luftfahrtforschung

in Vorbereitung

HEFT 58

Prof. Dr. Fritz Schröter, Ulm
Neue Forschungs- und Entwicklungsrichtungen im Fernsehen

Prof. Dr. Albert Narath, Berlin
Der gegenwärtige Stand der Filmtechnik

in Vorbereitung

HEFT 59

Prof. Dr. Richard Courant, New York

Die Bedeutung der modernen mathematischen Rechenmaschinen für mathematische Probleme der Hydrodynamik und Reaktortechnik

Prof. Dr. Ernst Peschl, Bonn

Die Rolle der komplexen Zahlen in der Mathematik und die Bedeutung der komplexen Analysis

in Vorbereitung

HEFT 60

Prof. Dr. Wolfgang Flaig, Braunschweig

Grundlagenforschung auf dem Gebiet des Humus und der Bodenfruchtbarkeit

Prof. Dr. Dr. Eduard Mückenhausen, Bonn

Typologische Bodenentwicklung und Bodenfruchtbarkeit

in Vorbereitung

HEFT 61

Dr. Klaus Oswatitsch, Aachen

Gelöste und ungelöste Probleme der Gasdynamik

Prof. Dr. W. Georgii, München

Aerophysikalische Flugforschung

in Vorbereitung

HEFT 62

Prof. Dr. A. Butenandt, Tübingen

Über die Analyse der Erbfaktorenwirkung und ihre Bedeutung für biochemische Fragestellungen

Prof. Dr. J. Straub, Köln

Quantitative Genwirkung bei Polyploiden

in Vorbereitung

GEISTESWISSENSCHAFTEN

HEFT 1

Prof. Dr. Werner Richter, Bonn

Die Bedeutung der Geisteswissenschaften für die Bildung unserer Zeit

Prof. Dr. Joachim Ritter, Münster

Die aristotelische Lehre vom Ursprung und Sinn der Theorie

1953, 64 Seiten, kartoniert, DM 2,90

HEFT 2

Prof. Dr. Josef Kroll, Köln

Elysium

Prof. Dr. Günther Jachmann, Köln

Die vierte Ekloge Vergils

1953, 72 Seiten, kartoniert, DM 2,90

HEFT 3

Prof. Dr. Hans Erich Stier, Münster

Die klassische Demokratie

1954, 100 Seiten, kartoniert, DM 4,50

HEFT 4

Prof. Dr. Werner Caskel, Köln

Lihyan und Lihyanisch. Sprache und Kultur eines früharabischen Königreiches

1954, 168 Seiten, 6 Abb., kartoniert, DM 8,25

HEFT 5

Prof. Dr. Thomas Ohm, Münster

Stammesreligionen im südlichen Tanganyika-Territorium

1953, 80 Seiten, 25 Abb., kartoniert, DM 8,—

HEFT 6

Prälat Prof. Dr. Dr. h. c. Georg Schreiber, Münster

Deutsche Wissenschaftspolitik von Bismarck bis zum Atomwissenschaftler Otto Hahn

1954, 102 Seiten, 7 Abb., kartoniert, DM 5,—

HEFT 7

Prof. Dr. Walter Holtzmann, Bonn

Das mittelalterliche Imperium und die werdenden Nationen

1953, 28 Seiten, kartoniert, DM 1,30

HEFT 8

Prof. Dr. Werner Caskel, Köln

Die Bedeutung der Beduinen in der Geschichte der Araber

1954, 44 Seiten, kartoniert, DM 2,—

HEFT 9

Prälat Prof. Dr. Dr. h. c. Georg Schreiber, Münster

Irland im deutschen und abendländischen Sakralraum

1956, 128 Seiten, 20 Abb., kartoniert, DM 9,—

HEFT 10

Prof. Dr. Peter Rassow, Köln

Forschungen zur Reichsidee im 16. und 17. Jahrhundert

1955, 32 Seiten, kartoniert, DM 1,50

HEFT 11

Prof. Dr. Hans Erich Stier, Münster

Roms Aufstieg zur Weltherrschaft

in Vorbereitung

HEFT 12

Prof. D. Karl Heinrich Rengstorf, Münster

Mann und Frau im Urchristentum

Prof. Dr. Hermann Conrad, Bonn

Grundprobleme einer Reform des Familienrechts

1954, 106 Seiten, kartoniert, DM 4,50

HEFT 13

Prof. Dr. Max Braubach, Bonn

Der Weg zum 20. Juli 1944

1953, 48 Seiten, kartoniert, DM 2,20

HEFT 14

Prof. Dr. Paul Hübinger, Münster

Das deutsch - französische Verhältnis und seine mittelalterlichen Grundlagen

in Vorbereitung

HEFT 15

Prof. Dr. Franz Steinbach, Bonn

Der geschichtliche Weg des wirtschaftenden Menschen in die soziale Freiheit und politische Verantwortung

1954, 76 Seiten, kartoniert, DM 2,90

HEFT 16

Prof. Dr. Josef Koch, Köln

Die Ars coniecturalis des Nikolaus von Cues

1956, 56 Seiten, 2 Abb., kartoniert, DM 2,90

HEFT 17

Prof. Dr. James Conant,
US-Hochkommissar für Deutschland
Staatsbürger und Wissenschaftler

Prof. D. Karl Heinrich Rengstorf, Münster
Antike und Christentum

1953, 48 Seiten, 2 Abb., kartoniert, DM 2,90

HEFT 18

Prof. Dr. Richard Alewyn, Köln
Klopstocks Publikum

in Vorbereitung

HEFT 19

Prof. Dr. Fritz Schalk, Köln
Das Lächerliche in der französischen Literatur des Ancien Régime

1954, 42 Seiten, kartoniert, DM 2,—

HEFT 20

Prof. Dr. Ludwig Raiser, Bad Godesberg
Rechtsfragen der Mitbestimmung

1954, 48 Seiten, kartoniert, DM 2,—

HEFT 21

Prof. D. Martin Noth, Bonn
Das Geschichtsverständnis der alttestamentlichen Apokalyptik

1953, 36 Seiten, kartoniert, DM 1,60

HEFT 22

Prof. Dr. Walter F. Schirmer, Bonn
Glück und Ende des Königs in Shakespeares Historien

1954, 32 Seiten, kartoniert, DM 1,50

HEFT 23

Prof. Dr. Günther Jachmann, Köln
Der homerische Schiffskatalog und die Ilias

in Vorbereitung

HEFT 24

Prof. Dr. Theodor Klauser, Bonn
Die römischen Petrustraditionen im Lichte der neuen Ausgrabungen unter der Peterskirche

in Vorbereitung

HEFT 25

Prof. Dr. Hans Peters, Köln
Die Gewaltentrennung in moderner Sicht

1955, 48 Seiten, kartoniert, DM 2,20

HEFT 26

Prof. Dr. Fritz Schalk, Köln
Calderon und die Mythologie

in Vorbereitung

HEFT 27

Prof. Dr. Josef Kroll, Köln
Vom Leben geflügelter Worte

in Vorbereitung

HEFT 28

Prof. Dr. Thomas Ohm, Münster
Die Religionen in Asien

1954, 50 Seiten, 4 Abb., kartoniert, DM 5,—

HEFT 29

Prof. Dr. Johann Leo Weisgerber, Bonn
Die Ordnung der Sprache im persönlichen und öffentlichen Leben

1955, 64 Seiten, kartoniert, DM 2,90

HEFT 30

Prof. Dr. Werner Caskel, Köln
Entdeckungen in Arabien

1954, 44 Seiten, kartoniert, DM 2,—

HEFT 31

Prof. Dr. Max Braubach, Bonn
Entstehung und Entwicklung der landesgeschichtlichen Bestrebungen und historischen Vereine im Rheinland

1955, 32 Seiten, kartoniert, DM 1,60

HEFT 32

Prof. Dr. Fritz Schalk, Köln
Somnium und verwandte Wörter in den romanischen Sprachen

1955, 48 Seiten, 3 Abb., kartoniert, DM 2,50

HEFT 33

Prof. Dr. Friedrich Dessauer, Frankfurt a. M.
Erbe und Zukunft des Abendlandes

in Vorbereitung

HEFT 34

Prof. Dr. Thomas Ohm, Münster
Ruhe und Frömmigkeit

1955, 128 Seiten, 30 Abb., kartoniert, DM 8,—

HEFT 35

Prof. Dr. Hermann Conrad, Bonn
Die mittelalterliche Besiedlung des deutschen Ostens und das Deutsche Recht

1955, 40 Seiten, kartoniert, DM 2,—

HEFT 36

Prof. Dr. Hans Sckommodau, Köln
Die religiösen Dichtungen Margaretes von Navarra

1955, 172 Seiten, kartoniert, DM 7,20

HEFT 37

Prof. Dr. Herbert von Einem, Bonn
Der Mainzer Kopf mit der Binde

1955, 88 Seiten, 40 Abb., kartoniert, DM 6,—

HEFT 38

Prof. Dr. Joseph Höffner, Münster
Statik und Dynamik in der scholastischen Wirtschaftsethik

1955, 48 Seiten, kartoniert, DM 2,20

HEFT 39

Prof. Dr. Fritz Schalk, Köln
Diderots Essai über Claudius und Nero

1956, 40 Seiten, kartoniert

HEFT 40

Prof. Dr. Gerhard Kegel, Köln
Probleme des internationalen Enteignungs- und Währungsrechts

in Vorbereitung

HEFT 41

Prof. Dr. Johann Leo Weisgerber, Bonn
Die Grenzen der Schrift — Der Kern der Rechtschreibreform

1955, 72 Seiten, kartoniert, DM 3,25

HEFT 42

Prof. Dr. Richard Alewyn, Köln
Von der Empfindsamkeit zur Romantik

in Vorbereitung

HEFT 43

Prof. Dr. Theodor Schieder, Köln
Die Probleme des Rapallo-Vertrages

1956, 108 Seiten, kartoniert, DM 4,80

HEFT 44

Prof. Dr. Andreas Rumpf, Köln
Stilphasen der spätantiken Kunst
in Vorbereitung

HEFT 45

Dr. Ulrich Luck, Münster
Kerygma und Tradition in der Hermeneutik Adolf Schlatters
1955, 136 Seiten, kartoniert, DM 6,15

HEFT 46

Prof. Dr. Walther Holtzmann, Rom
Das Deutsche Historische Institut in Rom

Prof. Dr. Graf Wolff Metternich, Rom
Die Bibliotheca Hertziana und der Palazzo Zuccari
1955, 68 Seiten, 7 Abb., kartoniert, DM 3,50

JAHRESFEIER 1955

Prof. Dr. Josef Pieper, Münster
Über den Philosophie-Begriff Platons

Prof. Dr. Walter Weizel, Bonn
Die Mathematik und die physikalische Realität
1955, 62 Seiten, kartoniert, DM 2,90

HEFT 47

Prof. Dr. Harry Westermann, Münster
Person und Persönlichkeit im Zivilrecht
in Vorbereitung

HEFT 48

Prof. Dr. Johann Leo Weisgerber, Bonn
Die Namen der Ubier
in Vorbereitung

HEFT 49

Prof. Dr. Friedrich Karl Schumann, Münster
Mythos und Technik
in Vorbereitung

HEFT 50

Prof. Dr. Wolfgang Schöne, Hamburg
Raffaels Sixtinische Madonna und die Sixtuskirche in Piacenza
in Vorbereitung

HEFT 51

Prälat Prof. Dr. Dr. h. c. Georg Schreiber, Münster
Der Bergbau in Geschichte, Ethos und Sakralkultur
in Vorbereitung

HEFT 52

Prof. Dr. Hans J. Wolff, Münster
Die Rechtsgestalt der Universität
in Vorbereitung

HEFT 53

Prof. Dr. Heinrich Vogt, Bonn
Schadenersatzprobleme im Verhältnis von Haftungsgrund und Schaden
in Vorbereitung

HEFT 54

Prof. Dr. Max Braubach, Bonn
Der Einmarsch der deutschen Truppen in die entmilitarisierte Zone am Rhein im März 1936. Ein Beitrag zur Vorgeschichte des zweiten Weltkrieges
1956, 48 Seiten, kartoniert

HEFT 55

Prof. Dr. Herbert von Einem, Bonn
Die Menschwerdung Christi des Isenheimer Altars
in Vorbereitung

HEFT 56

Prof. Dr. E. J. Cohn, London
Der englische Gerichtstag
in Vorbereitung

HEFT 57

Dr. Albert Woopen, Aachen
Die Zivilehe und der Grundsatz der Unauflöslichkeit der Ehe in der Entwicklung des italienischen Zivilrechts
1956, 88 Seiten, kartoniert, DM 4,—

HEFT 58

Prof. Dr. Karl Kerényi, Ascona
Die Herkunft der Dionysos-Religion nach dem heutigen Stand der Forschung

HEFT 59

Prof. Dr. Herbert Jankuhn, Kiel
Haithabu und der abendländische Handel nach Nordeuropa im frühen Mittelalter
in Vorbereitung

HEFT 60

Dr. Stephan Skalweit, Bonn
Edmund Burke und Frankreich

HEFT 61

Prof. Dr. Ulrich Scheuner, Bonn
Die Neutralität im heutigen Völkerrecht
in Vorbereitung

HEFT 62

Prof. Dr. Anton Moortgat, Berlin
Bericht über das Ergebnis der Ausgrabungen in Syrien
in Vorbereitung

GPSR Compliance

The European Union's (EU) General Product Safety Regulation (GPSR) is a set of rules that requires consumer products to be safe and our obligations to ensure this.

If you have any concerns about our products, you can contact us on ProductSafety@springernature.com

In case Publisher is established outside the EU, the EU authorized representative is:

Springer Nature Customer Service Center GmbH
Europaplatz 3
69115 Heidelberg, Germany

Batch number: 10584556

Printed by Printforce, the Netherlands